1 Rechne die einfachen Aufgaben mündlich.

a) b) c)

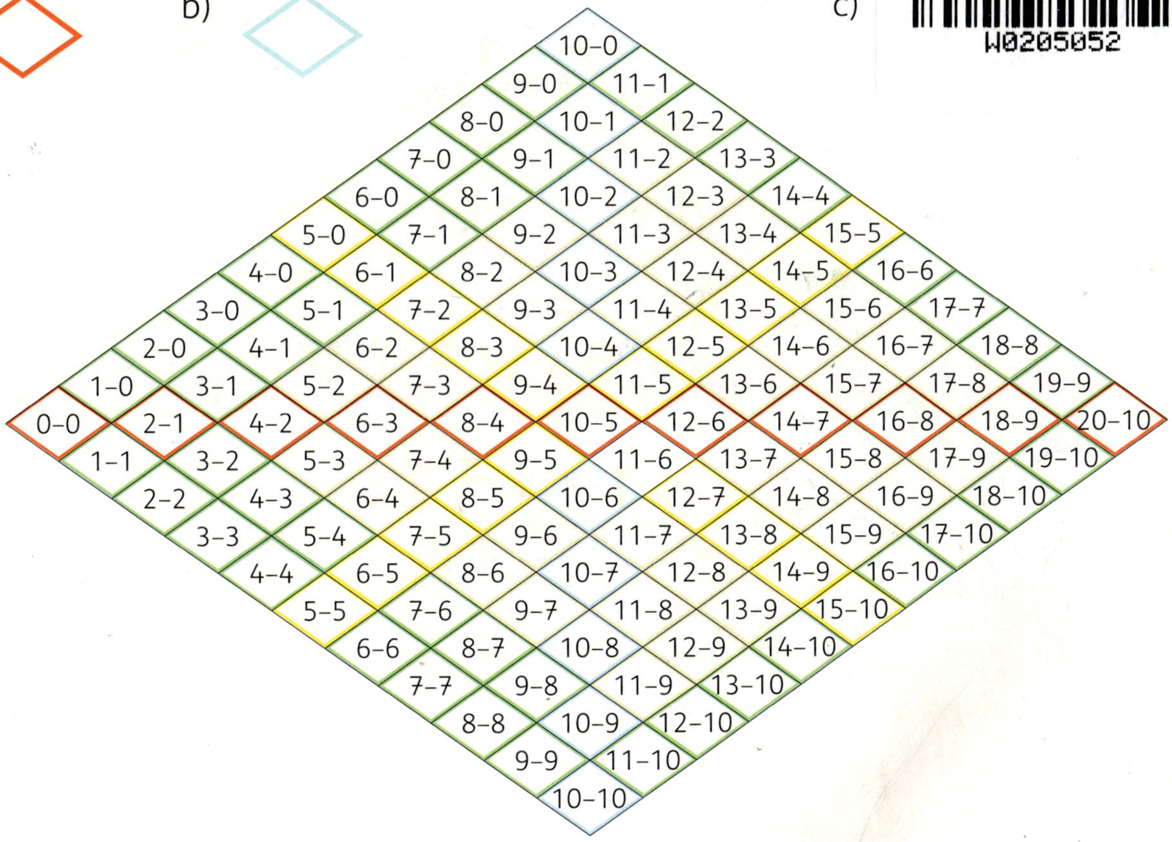

2 a) Welche Aufgaben haben das Ergebnis 6?

b) Welche Aufgaben haben das Ergebnis 4?

3 Zeige und rechne im Heft. Wie geht es weiter?

a)	b)	c)	d)	e)	f)
7 – 0	13 – 4	16 – 6	14 – 10	7 – 7	6 – 6
8 – 1	14 – 5	15 – 6	14 – 9	8 – 7	8 – 7
9 – 2	15 – 6	14 – 6	14 – 8	9 – 7	10 – 8
10 – 3	16 – 7	13 – 6	14 – 7	10 – 7	12 – 9

4 Stellt euch gegenseitig Aufgaben.

■ **1–3** Einsminuseins-Tafel untersuchen und Beziehungen zwischen Minusaufgaben bewusst machen. **4** Bis zur Einführung der halbschriftlichen Subtraktion (Seite 50) Einsminuseinsaufgaben wiederholt rechnen und automatisieren.
→ Arbeitsheft, Seite 4

Rechnen in England

1

10	15	20
2 +	15 +	15 +
5 +	11 +	12 +
+ 7	+ 9	+ 11
+ 9	+ 7	+ 9

2

10	5	2
20 –	8 –	5 –
10 –	18 –	15 –
– 6	– 6	– 23
– 5	– 15	– 18

3

9	8	7	6
+ 1	+ 3	+ 6	+ 9
10			

4

10	11	13	15
– 9	– 8	– 7	– 6
1			

5

13	10	7	5
+	+	+	+
20	18	16	14

6

19	16	13	10
–	–	–	–
9	7	5	3

7

+ 4	+ 6	+ 7	+ 8
9	11	13	15

8

– 5	– 1	– 13	– 9
10	12	6	8

9 How many?

a) 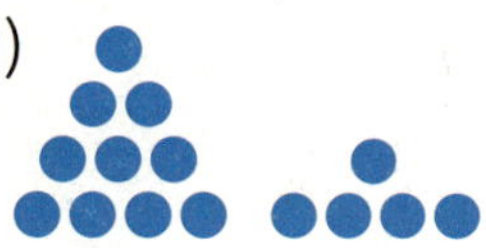

b) 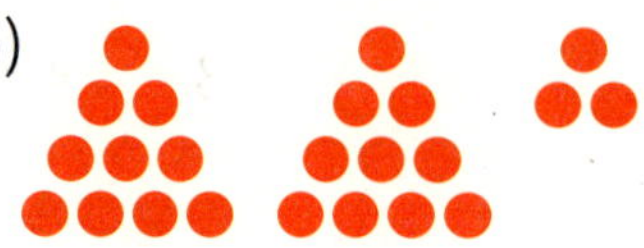

c) 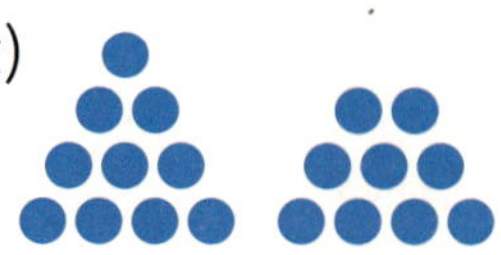

10 Count.

1	2	3	4	5	6	7	8	9	10
one	two	three	four	five	six	seven	eight	nine	ten

■ **1–9** Aufgaben zur Wiederholung. **3–8** Andere Darstellungen für Plus- und Minusaufgaben kennen lernen.
10 Englische Zahlwörter vorlesen, evtl. nachsprechen lassen. → Arbeitsheft, Seiten 5 – 7

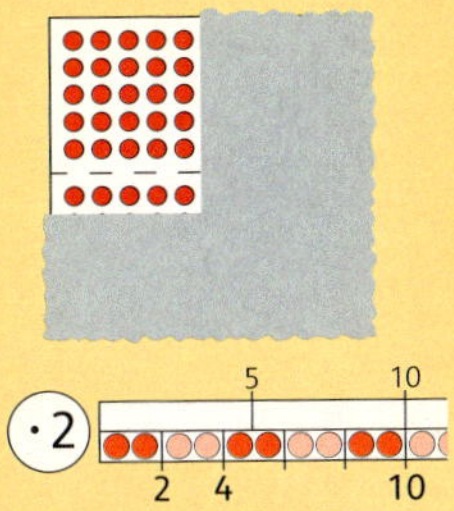

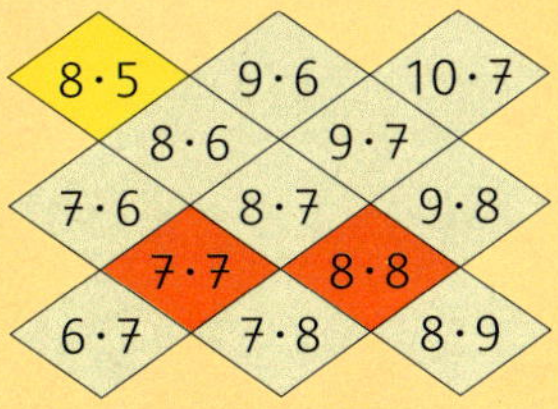

„unerschöpfliche“ Aufgabenfülle

? Finde eine passende Frage.

Partnerarbeit

„Schnüffelaufgaben“

„Forschen und Finden“

Mathekonferenz

Blitzrechnen

→ weist auf passende Seiten im Arbeitsheft sowie in den Heften „Verstehen und Trainieren“ und „Probieren und Kombinieren“ hin. Die Mini-Projekte sind zeitlich passend einzuordnen bzw. mit entsprechenden Themen des Sachunterrichts zu kombinieren.

Einspluseins-Tafel

1 Beschreibe die einfachen Aufgaben und rechne sie mündlich.

a) b) c) d)

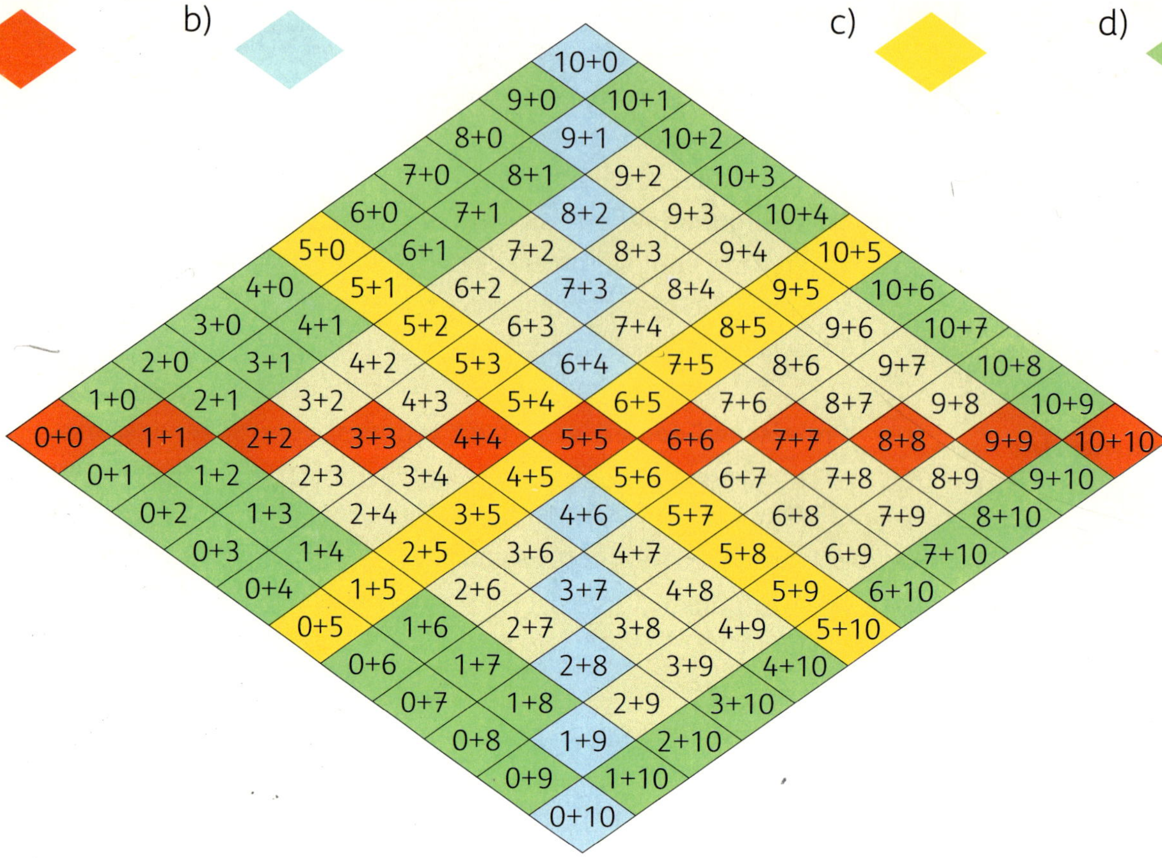

2 a) Welche Aufgaben haben das Ergebnis 14?

b) Welche Aufgaben haben das Ergebnis 15?

3 Rechne zu jeder Aufgabe vorher eine farbige Nachbaraufgabe.

a) 6 + 8
8 + 4
9 + 4
9 + 7

Leon:
3a) 6 + 8 =
7 + 7 = 14

Maria:
3a) 6 + 8 =
5 + 7 = 12

b) 3 + 4
3 + 6
4 + 7
3 + 8

c) 8 + 4
9 + 2
6 + 7
7 + 9

4 Stellt euch gegenseitig Aufgaben.

1–3 Einspluseins-Tafel wiederholen, verschiedene Möglichkeiten der Ableitung von Ergebnissen aus Ergebnissen farbiger Nachbaraufgaben nochmals bewusst machen. 4 Bis zur Einführung der halbschriftlichen Addition (Seite 40) Einspluseinsaufgaben wiederholt rechnen und automatisieren. → Arbeitsheft, Seite 3

1 Quanti?

a)

b)

c)

2 Le piramidi di mattoni.

a)
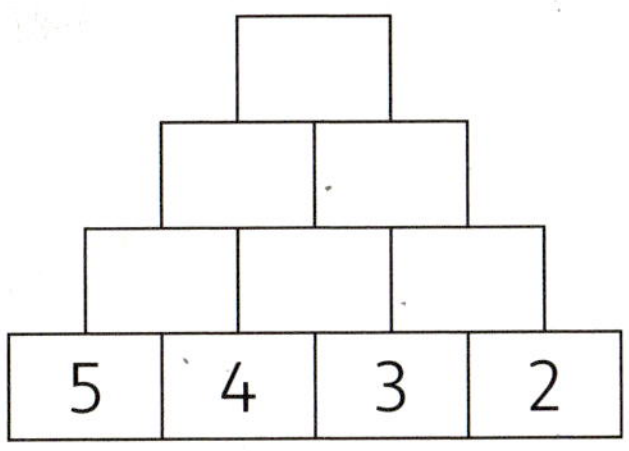

b)
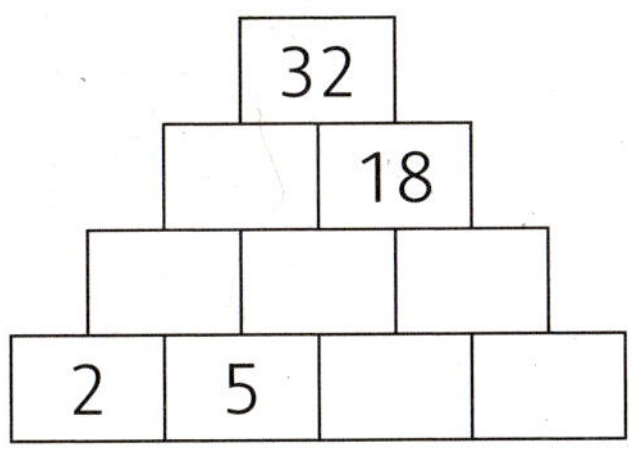

c)
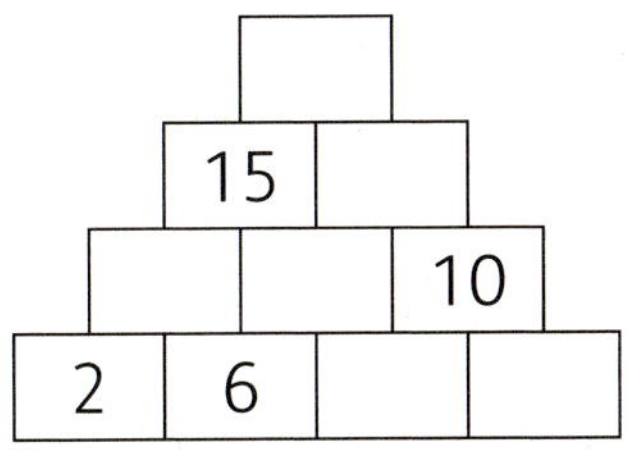

3 Prova.

a)
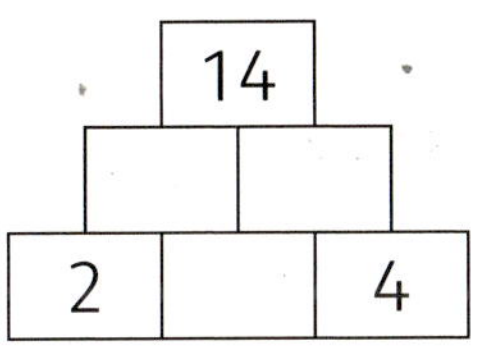

b)
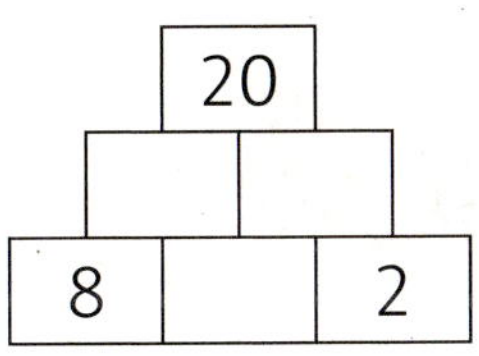

c)
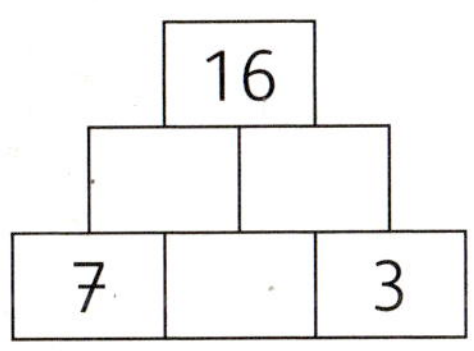

d)
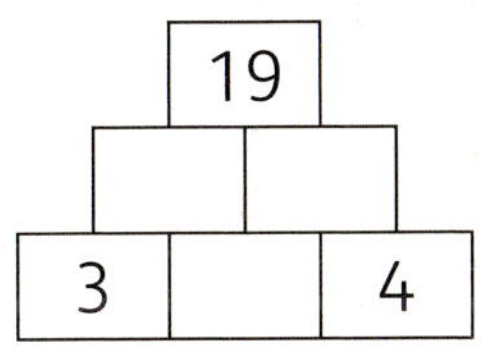

4

a)	b)	c)	d)
8 + 1 + 2	6 + 8 + 2	1 + 2 + 3 + 4	5 + 3 + 1 − 5
7 + 2 + 3	7 + 9 + 2	2 + 3 + 4 + 5	4 + 5 + 3 − 5
6 + 3 + 4	5 + 7 + 2	3 + 4 + 5 + 6	2 + 4 + 5 − 5
5 + 4 + 5	3 + 6 + 3	4 + 5 + 6 + 7	6 + 5 + 1 − 5

5 Contare.

1	2	3	4	5	6	7	8	9	10
uno	due	tre	quattro	cinque	sei	sette	otto	nove	dieci

■ **1–4** Aufgaben zur Wiederholung. **3** Durch systematisches Probieren lösen. **4** Auf Rechenvorteile hinweisen (z. B. 8 + 2 + 1 statt 8 + 1 + 2). **5** Italienische Zahlwörter vorlesen, evtl. nachsprechen lassen. → Arbeitsheft, Seiten 5 – 7

Legen und Überlegen

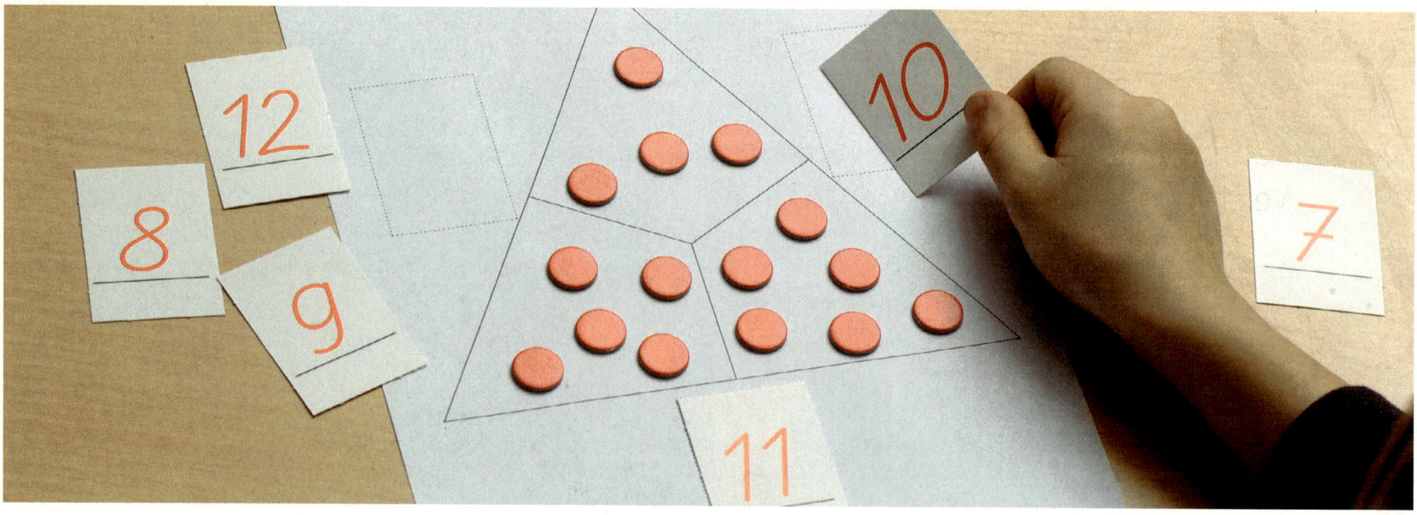

Rechne und setze fort.

1

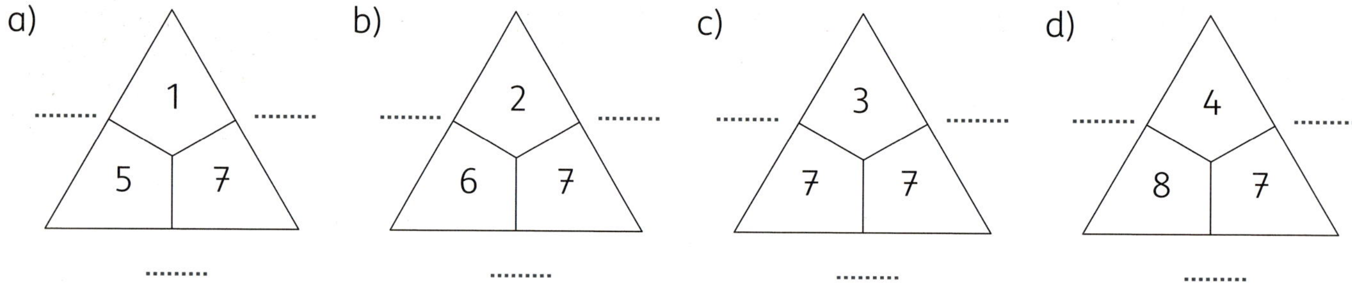

2

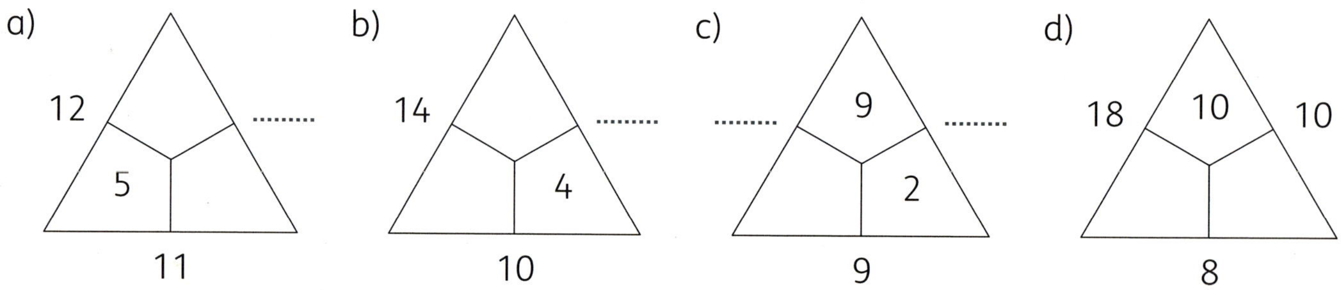

3 Probiere.

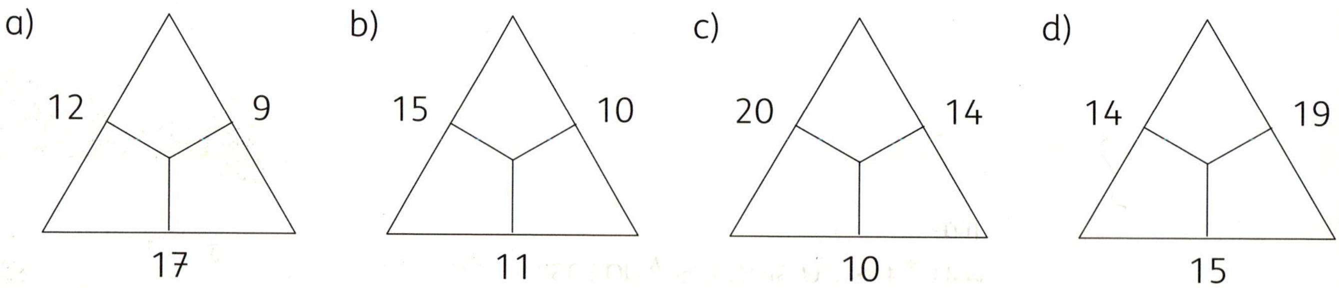

4 a) Nina hat 11 Steine.
Sie sammelt noch 4. [?]

b) Anna hat 8 Murmeln.
Sie verschenkt 3 davon. [?]

c) Mirko hat 3 Murmeln.
Alex hat 10 Murmeln mehr. [?]

d) Sarah und Ali haben zusammen 10 Euro.
Sarah hat 2 Euro mehr als Ali. [?]

■ **1, 2** Aufgaben evtl. mit Plättchen legen und rechnen. Muster besprechen und mündlich begründen. **3** Durch systematisches Probieren lösen. **4** Fragesymbol als Anregung zum Finden passender Aufgaben erklären. Mündlich lösen. Ähnliche Aufgaben finden lassen. → Arbeitsheft, Seite 8

1 Würfle etwa 20-mal mit einem Würfel.
a) Lege eine Tabelle an.

b) Welche Augenzahl kommt bei dir **oft** vor?
Welche Augenzahl kommt **selten** vor?

c) Vergleicht mit euren Nachbarn.

d) Vergleicht auch die Chancen, eine gerade oder eine ungerade Zahl zu würfeln.

1a)	Würfelzahl	Strichliste
	1	
	2	
	3	I
	4	
	5	
	6	

2 Würfle ganz oft mit zwei Würfeln.
a) Lege eine Tabelle an.

b) Welche **Augensummen** kommen bei dir **oft** vor?
Welche **Augensummen** kommen bei dir **selten** vor?

c) Vergleicht mit euren Nachbarn.

2a)	Augensumme	Strichliste
	2	
	3	
	4	
	5	
	6	
	7	I
	8	
	9	
	10	
	11	
	12	

3 Warum werden die Augensummen in **2** verschieden oft geworfen?
Erkläre mithilfe der Tabelle.

Augensumme	2	3	4	5	6	7	8	9	10	11	12
mögliche Würfe	1 + 1	2 + 1 1 + 2	3 + 1 2 + 2 1 + 3	4 + 1 3 + 2 2 + 3 1 + 4	5 + 1 4 + 2 3 + 3 2 + 4 1 + 5	6 + 1 5 + 2 4 + 3 3 + 4 2 + 5 1 + 6	6 + 2 5 + 3 4 + 4 3 + 5 2 + 6	6 + 3 5 + 4 4 + 5 3 + 6	6 + 4 5 + 5 4 + 6	6 + 5 5 + 6	6 + 6

Forschen und Finden

4 Würfle mit drei Würfeln.
a) Welche Zahlen von 1 bis 20 sind als Augensummen möglich?

b) Welche Augensummen werden **häufig** gewürfelt?
Welche Augensummen werden **selten** gewürfelt? Begründe.

c) Es gibt 27 Möglichkeiten, die Augensumme 10 zu würfeln, aber nur 10 Möglichkeiten für die Augensumme 6. Erkläre.

1, 2 Zuerst Zufallsexperimente und Anlage einer Strichliste klären. **3** Befunde von **2** anhand der Zahlzerlegungen in der Tabelle erklären. **4** Augensummen analog zu **2** mit 3 Würfeln untersuchen.

Zehnerbündel

1 Wie heißen die Zahlen?

a)

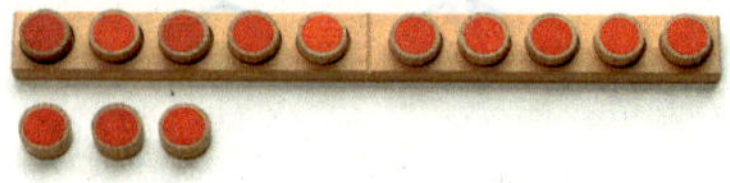

1a)	Z	E
	1	3

b)

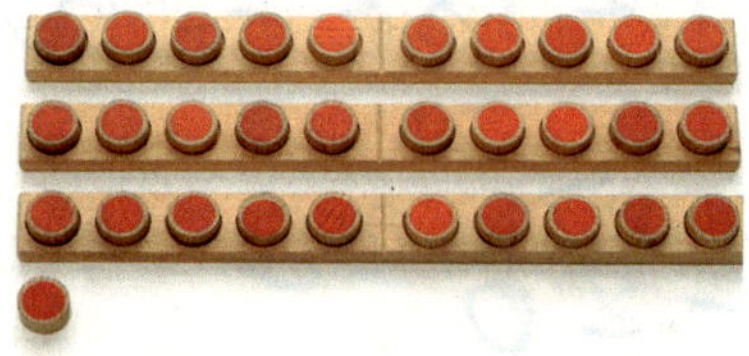

1b)	Z	E
	3	1

c)

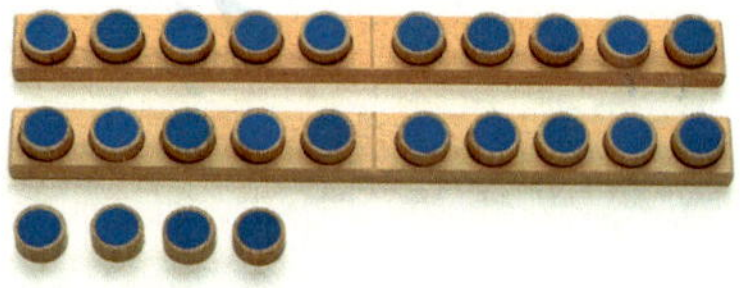

d)

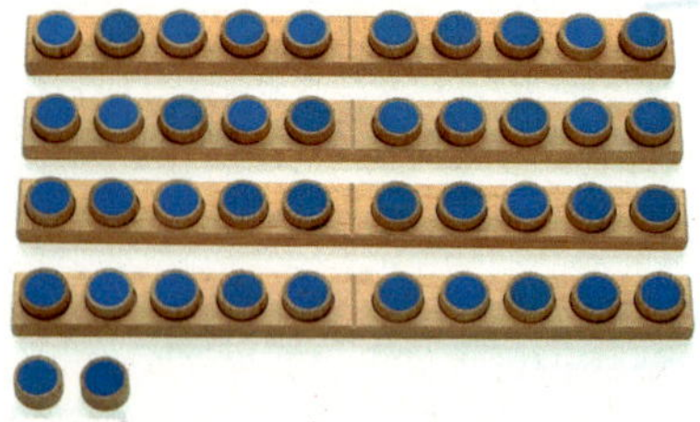

e)

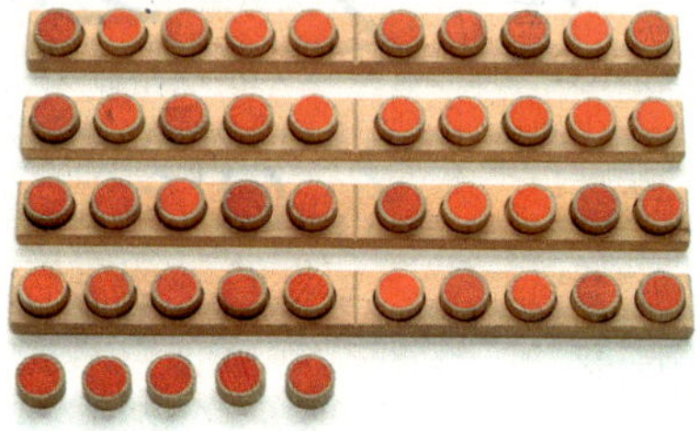

f)

2 Wie viele?

a)

2a)	Z	E
	4	1

b)

c)

d)

1, 2 Stellenwerttafel von Band 1 auffrischen. Zehner als neue Einheit (Packung von 10 Einern, Zehnerpack) herausstellen. Zahlen gemeinsam lesen. Zehner und Einer deutlich unterscheiden. Zehner und Einer mit vorhandenem Material oder mit Zehnerstreifen und Plättchen (Beilage) nachlegen. Auf Hunderterfeld bei Seitenzahl hinweisen.

1 a) Wie viele Gänse fliegen nach Süden?

b) Wie viele Jahresringe hat der Baum?

c) Wie viele Bergsteiger sind es?

d) Wie viele Blumen sind zu sehen?

■ **1** Anzahlen schätzen, Objekte strukturieren und Anzahlen bestimmen, so gut es jeweils geht.

1 Wie viele Kekse?

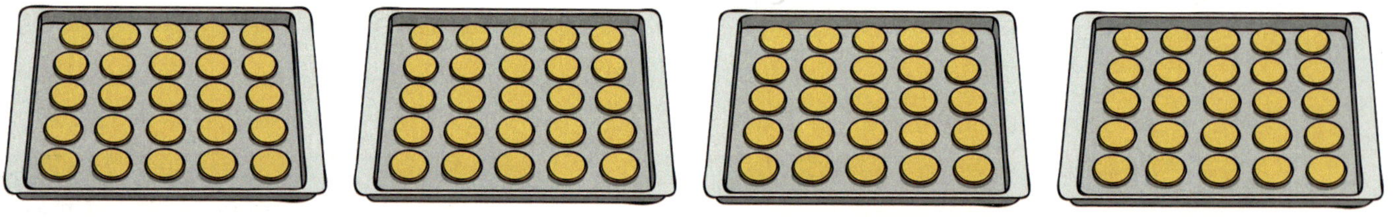

2 Wie viele Brötchen?

3 Wie viele Hörnchen?

4 Wie viele Waffeln?

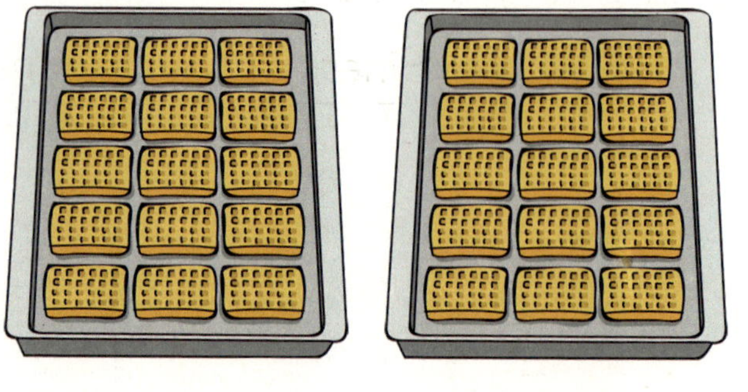

■ Erzählen und rechnen. **1–4** Backwaren strukturiert zählen.

5 Wie viele Zehner (Z), wie viele Einer (E)?

a)

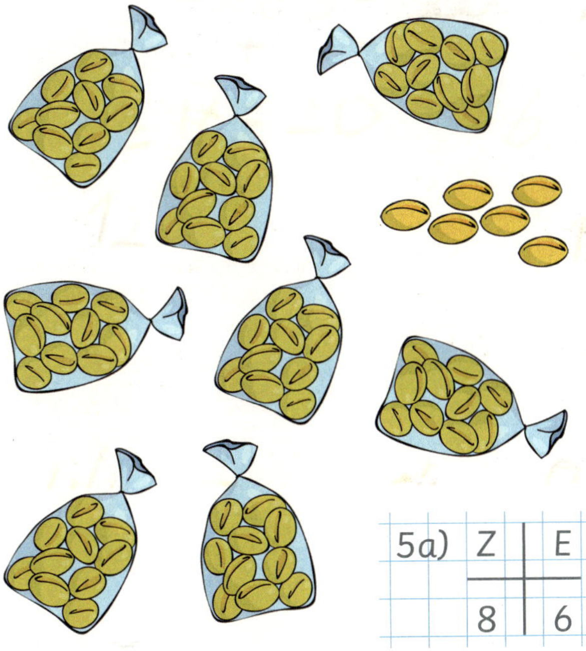

5a)	Z	E
	8	6

b)

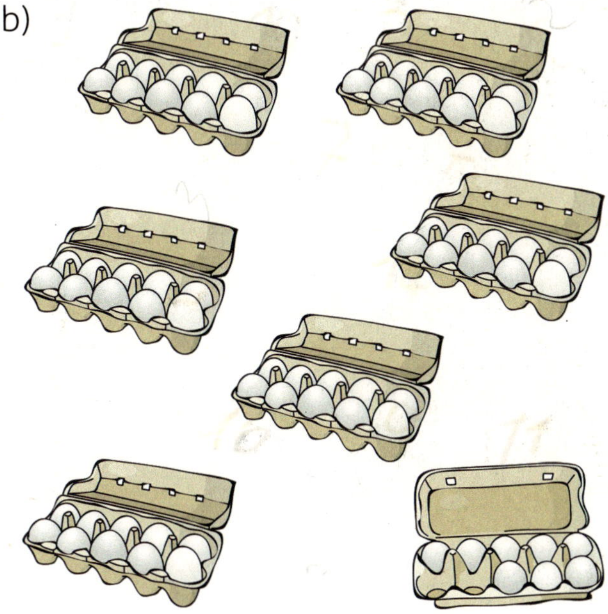

c)

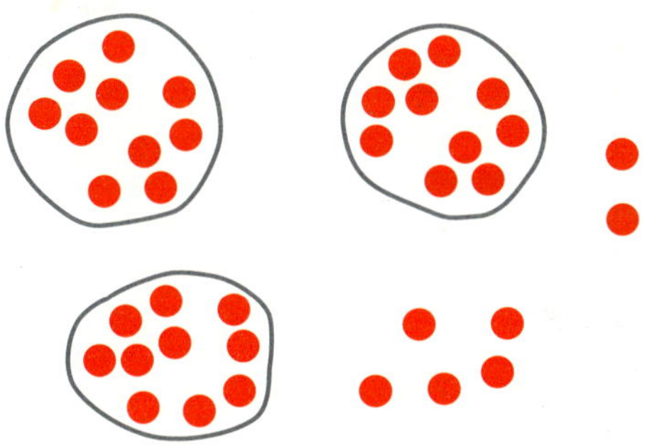

d)

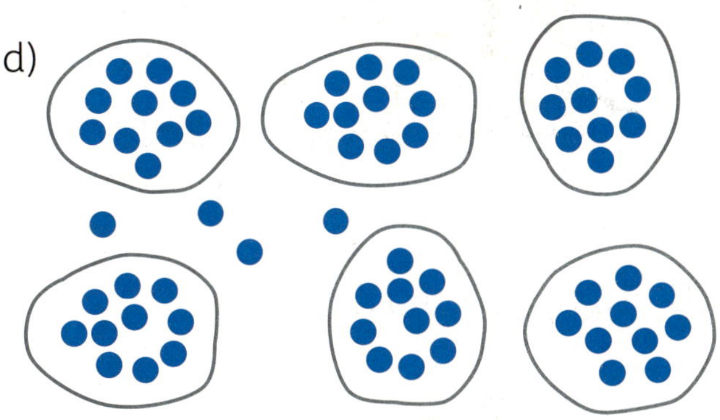

e)

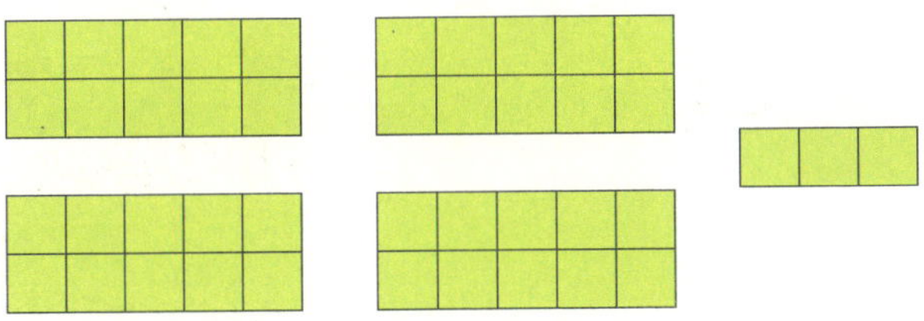

f)

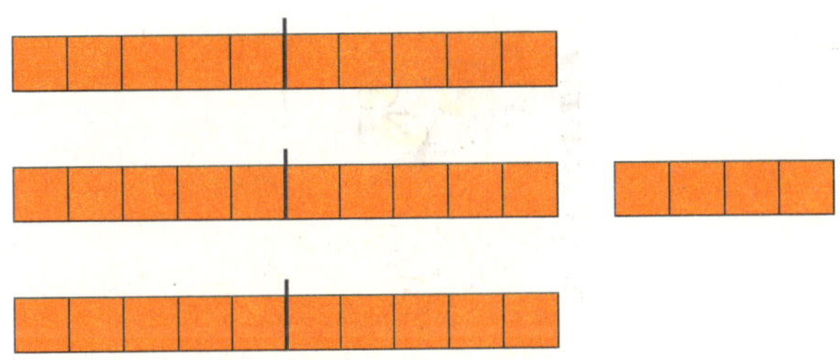

6 Zeichne in dein Heft.

a)

Zehner	Einer
1	4

b)

Zehner	Einer
4	1

c)

Zehner	Einer
2	6

d)

Zehner	Einer
3	0

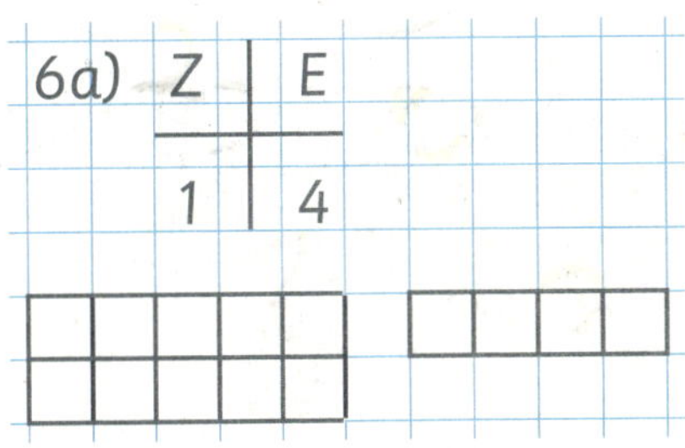

Spiegeln

1

Aus 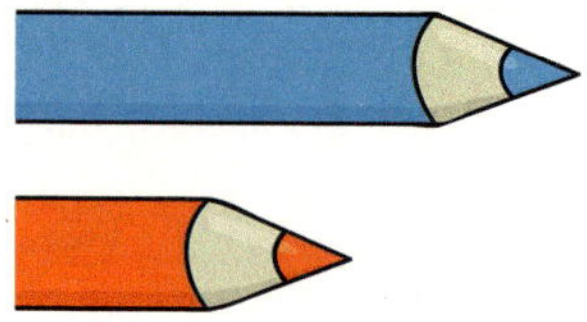 mache mit dem Spiegel:

a) 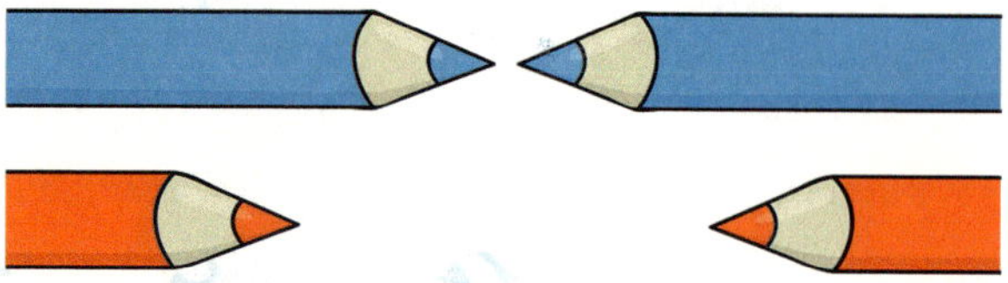

b) 

c) 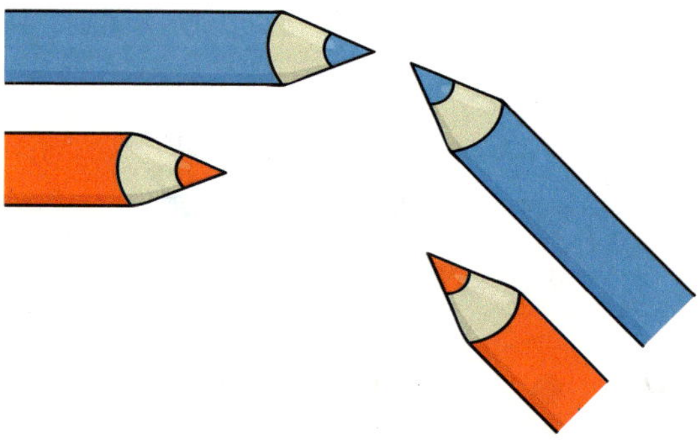

d) 

2 Aus 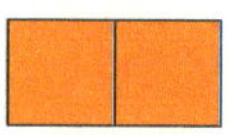 mache:

a) 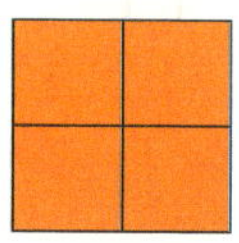

b) 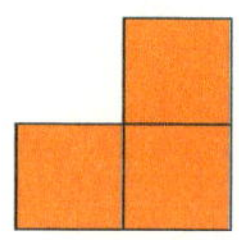

c) 

3 Aus 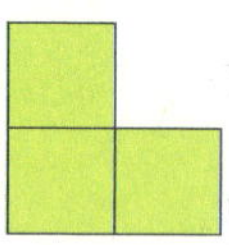 mache:

a) 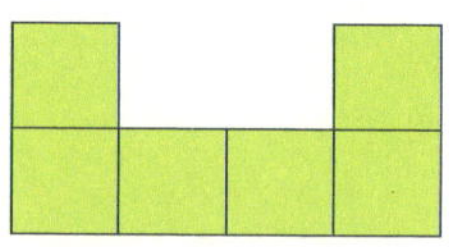

b) 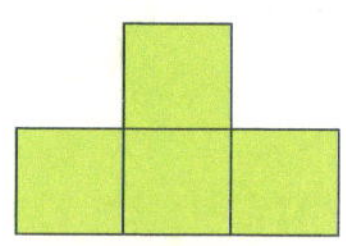

c) 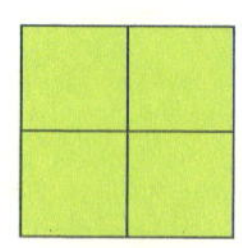

d) 

e) 

f) 

4 Erspiegele weitere Figuren. Zeichne sie in dein Heft.

1–3 Vorgegebenes Material mit einem Spiegel probierend verändern, so dass vorgegebene Bilder entstehen. Evtl. Spiegelachse(n) zeigen. **4** Zu den Motiven von **2** und **3** weitere Spiegelbilder finden, ins Heft zeichnen. Es hilft, nicht benutzte Motive mit weißem Papier abzudecken.

Forschen und Finden

1 Probiere mit dem Spiegel.

a) Stelle mit dem Spiegel Muster von 10, 20, 30, 40 und 50 Punkten her.

b) Kannst du auch 5, 15, 25, 35 und 45 Punkte erreichen?

c) Versuche auch 2, 3, 6, 7 und 12 Punkte zu erreichen.

d) Stelle Muster mit 1, 4, 9, 16 und 25 Punkten her.

e) Das Muster daneben hat 34 Punkte.
Prüfe nach.

f) Versuche es zu erspiegeln.

g) Kannst du auch 41, 46 und
49 Punkte erspiegeln?

■ **1** Mit einem Spiegel verschiedene Punktzahlen finden.

Mit Zehnern rechnen

3 Zehner + 2 Zehner
30 + 20

1 Zehner + 3 Zehner
10 + 30

1 a) 3 Z + 3 Z
30 + 30

1a) 3 Z + 3 Z = 6 Z
30 + 30 = 60

4 Z + 3 Z
40 + 30

7 Z + 3 Z
70 + 30

b) 6 Z + 4 Z
60 + 40

4 Z + 5 Z
40 + 50

c) 1 Z + 5 Z
10 + 50

2 Z + 5 Z
20 + 50

2 a) 9 Z – 4 Z
90 – 40

8 Z – 4 Z
80 – 40

7 Z – 4 Z
70 – 40

b) 8 Z – 3 Z
80 – 30

7 Z – 3 Z
70 – 30

6 Z – 3 Z
60 – 30

c) 7 Z – 5 Z
70 – 50

6 Z – 5 Z
60 – 50

5 Z – 5 Z
50 – 50

3 a) 50 + 10
50 + 40
50 + 50

b) 20 + 10
30 + 20
30 + 30

c) 90 + 10
80 + 10
60 + 20

4 a) 80 – 20
70 – 20
60 – 20

b) 40 – 20
40 – 10
50 – 20

c) 100 – 10
100 – 50
100 – 30

5 a) 70 + 30 – 30
40 + 60 – 40
80 + 20 – 60

b) 50 + 40 – 40
70 + 20 – 60
80 + 10 – 70

6 a) 50 – 50 + 60
30 – 20 + 20
60 – 30 – 30

b) 40 + 40 + 20
40 – 40 + 20
40 + 40 – 20

7 Frau Klein kauft auf dem Bio-Hof 40 Eier.
a) Sie gibt ihrer Nachbarin 10 Eier ab. ?
b) Frau Groß kauft halb so viele Eier. ?

8 Kannst du auch schon mit Hundertern und Tausendern rechnen?

1–6 Analogie zwischen Rechnen mit Einern und Rechnen mit Zehnern aufzeigen. „zig" nochmals als Kürzel für „zehn" bewusst machen (z.B. fünfzig = fünf Zehner). **8** Die Kinder sollten möglichst früh die „Kraft des Zehnersystems" erfahren. Das Prinzip „Mit Zehnern rechnen wie mit Einern" kann unmittelbar auf Hunderter und Tausender (und Millionen) übertragen werden. → Arbeitsheft, Seite 10

1 mal 10	10	zehn
2 mal 10	20	zwanzig
3 mal 10	30	dreißig
4 mal 10	40	vierzig
5 mal 10	50	fünfzig
6 mal 10	60	sechzig
7 mal 10	70	siebzig
8 mal 10	80	achtzig
9 mal 10	90	neunzig
10 mal 10	100	hundert

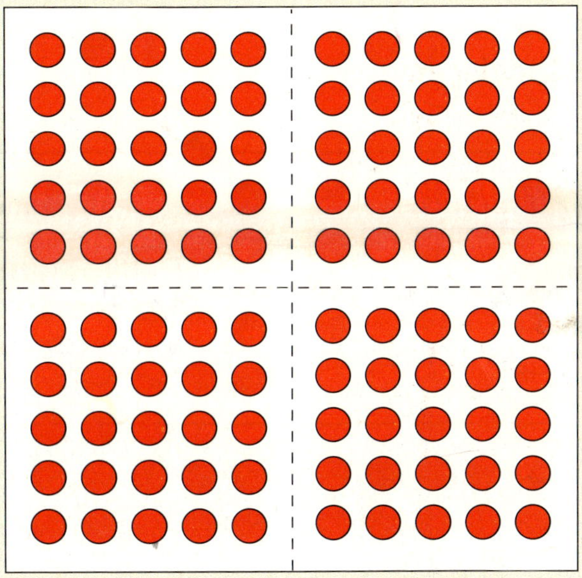

1 a) Wie viele Zehner hat ein Hunderterfeld?

b) Wie viele Punkte hat ein halbes Hunderterfeld?

c) Wie viele Punkte hat ein viertel Hunderterfeld?

2 a) 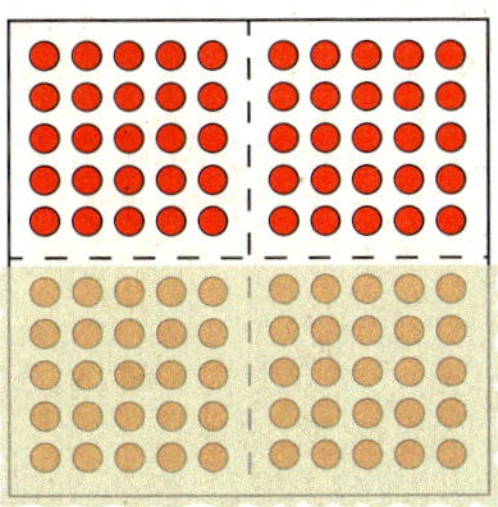 b) 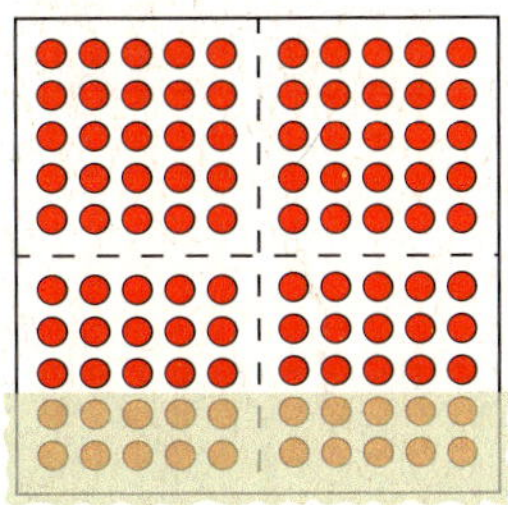 c) 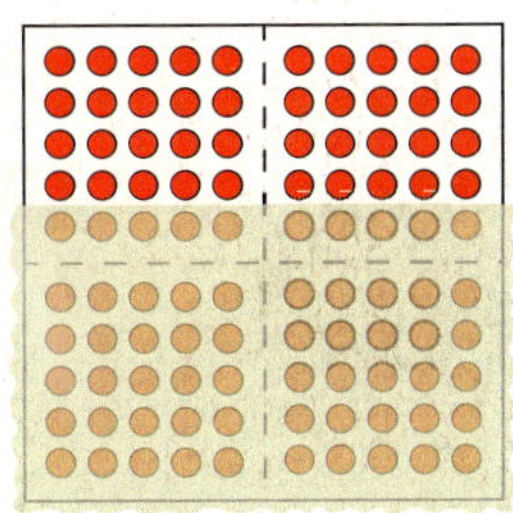 d) 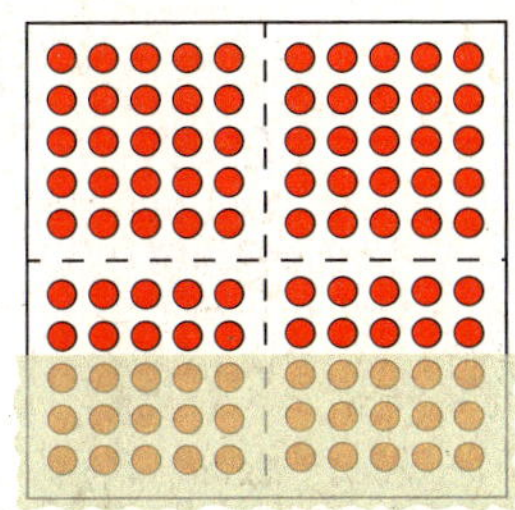

2a) 100 = 50 + 50

3 a) 100 = 40 + ...
100 = 60 + ...
100 = 70 + ...
100 = 30 + ...

b) 100 = 80 + ...
100 = 10 + ...
100 = 20 + ...
100 = 90 + ...

4 a) 50 + ... = 100
60 + ... = 100
70 + ... = 100
80 + ... = 100

b) 30 + ... = 100
20 + ... = 100
10 + ... = 100
0 + ... = 100

5

Lara kauft:	Sie gibt:

Wie viel Cent bekommt sie zurück?

6

Tim kauft:	Er gibt:

Wie viel Cent bekommt er zurück?

1 Orientierung am Hunderterfeld. Struktur des Hunderterfeldes besprechen. Hunderterfeld ohne Vorlage malen lassen. **2–4** Hunderterfeld als Anschauungshilfe nutzen. **5, 6** 1 Euro als 100 Cent besprechen und mit Rechengeld handelnd lösen. → Arbeitsheft, Seiten 10, 11

Zahlen zeigen und aufschreiben

1 Vergleiche 45 und 54.

Vergleiche ebenso: 26 und 62, 19 und 91.

2 Zeige am Hunderterfeld.

a) 13, 43, 83, 93 b) 18, 81, 8, 80 c) 43, 44, 46, 50 d) 46, 56, 66, 96

3 Zeichne die Zahlbilder.

a) 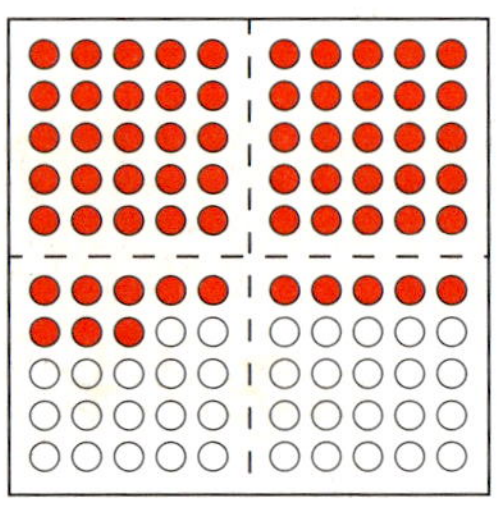

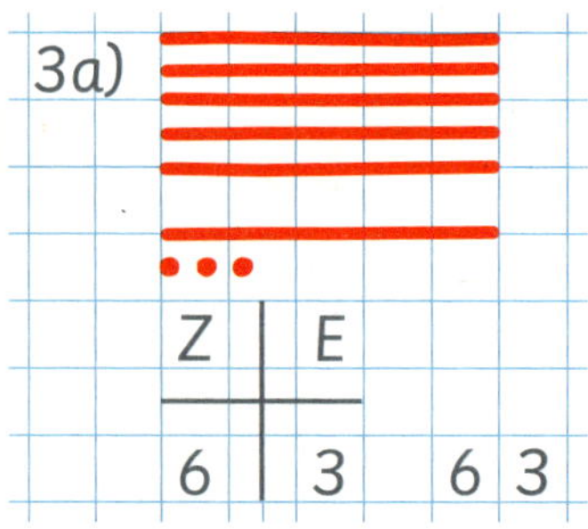

b) 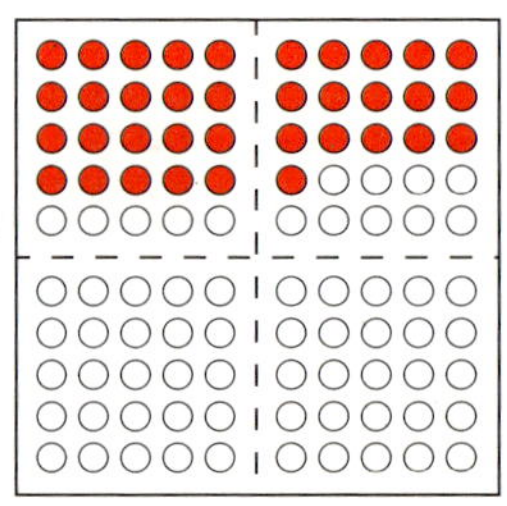

c) 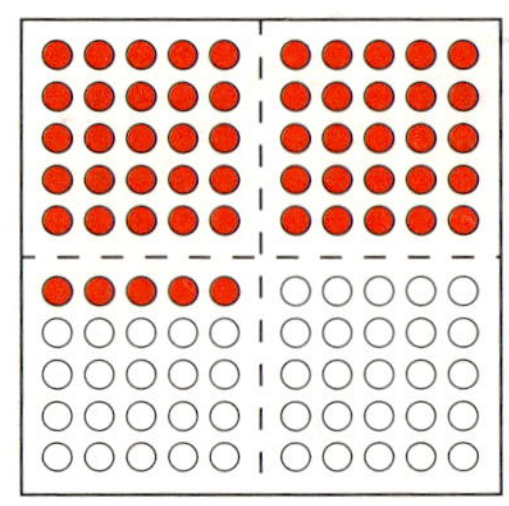

d) 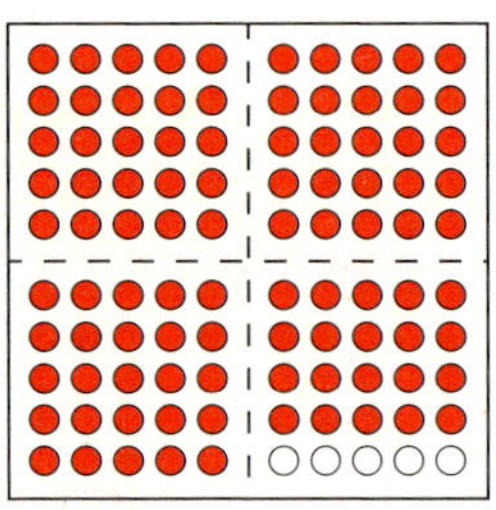

e) 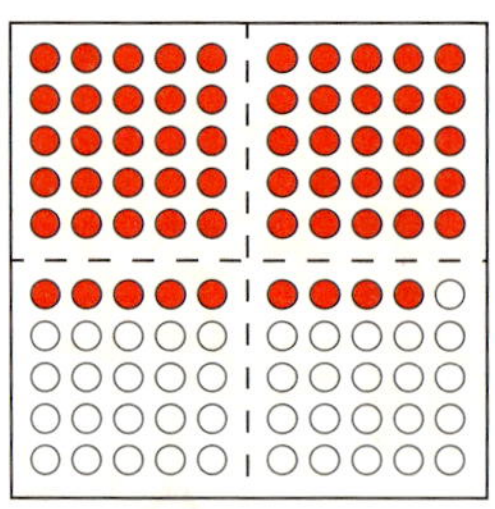

f) 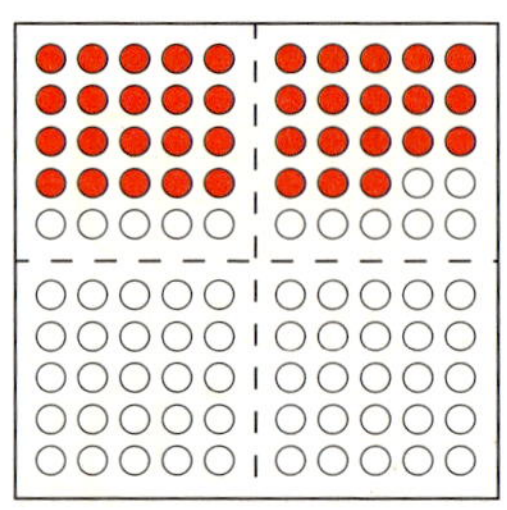

g) 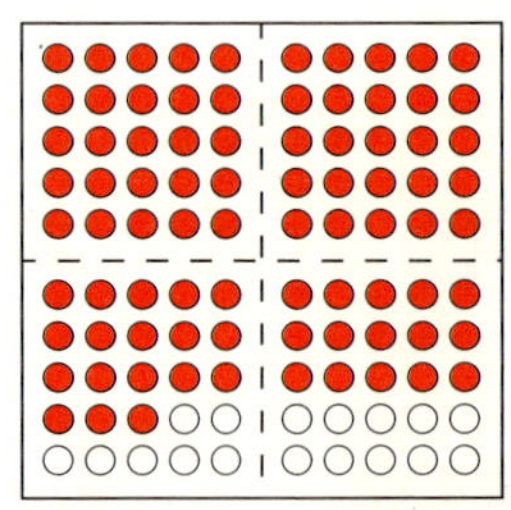

4 Schreibe die Zahlen.

a) 

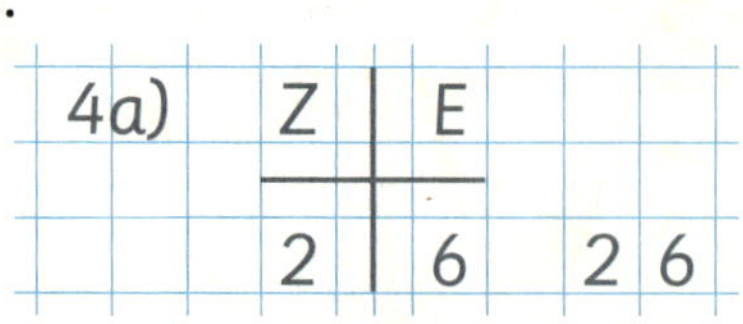

b) 

c) 

d) 

e) 

f)

g) 

■ **1, 2** Zahlen am Hunderterfeld zeigen und benennen, mögliche Zahlendreher ansprechen (evtl. KV verwenden). **3** Zehnerbalken als zeichnerische Darstellung von Zehnern vereinbaren. **4** Zahlbilder stellengerecht symbolisch notieren. Auf Zahldarstellungen in kleinen Hunderterfeldern neben den Seitenzahlen des Buches hinweisen.

→ Verstehen und Trainieren 2, Seite 2

5 Schreibe die Zahlen.

a) b) c) d) e)

f) g) h) i) j)

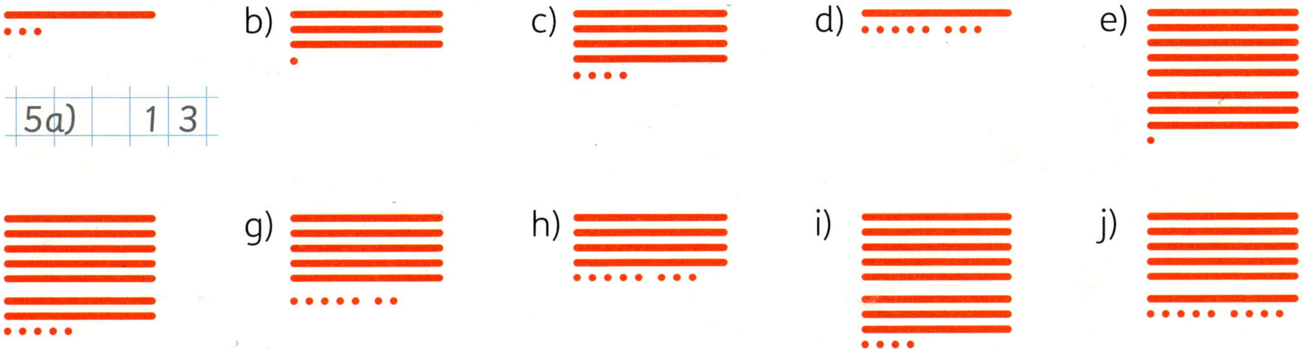

5a) 1 3

6 Zeichne.

a) 41, 43, 47, 48

b) 30, 34, 36, 39

c) 73, 37, 65, 56

d) 28, 82, 23, 32

e) 50, 5, 59, 95

6a)

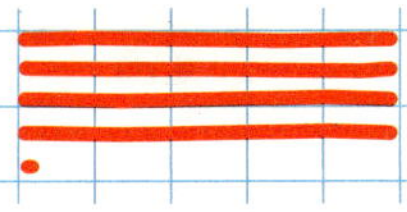

4 1

7

a)	b)	c)	d)	e)	f)
40 + 2	80 + 8	6 + 90	50 + 7	90 + 1	1 + 90
20 + 4	30 + 8	9 + 60	70 + 5	10 + 9	9 + 10
60 + 6	80 + 3	6 + 30	70 + 0	70 + 9	9 + 70

8 Zerlege in Zehner und Einer.

a) 35, 49, 56, 65, 76

b) 94, 83, 72, 61, 60

c) 96, 69, 63, 36, 33

d) 48, 84, 28, 82, 38

8a) 35 = 30 + 5
49 = 40 +

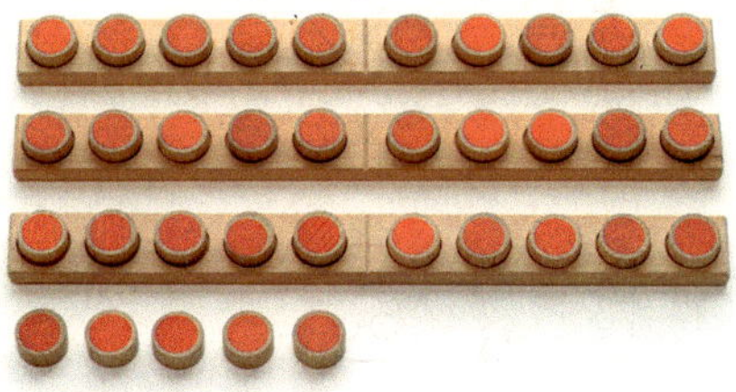

Blitzrechnen: Wie viele?

Zahl zeigen.

Zahl nennen.

7 Zusammenfassung von Zehnern und Einern zu zweistelligen Zahlen. Dabei auf richtige Reihenfolge der Ziffern achten.
8 Umgekehrt: Zerlegung zweistelliger Zahlen in Zehner und Einer. → Arbeitsheft, Seite 12 Zur Grundlegung und zum weiteren regelmäßigen Üben Seite 135 oder aufgeklappte Umschlagseite im Arbeitsheft benutzen.
→ Verstehen und Trainieren 2, Seite 3

1	2	3	4	5	6	7	8	9	10
11	12	13	14	15	16	17	18	19	20
21	22	23	24	25	26	27	28	29	30
31	32	33	34	35	36	37	38	39	40
41	42	43	44	45	46	47	48	49	50
51	52	53	54	55	56	57	58	59	60
61	62	63	64	65	66	67	68	69	70
71	72	73	74	75	76	77	78	79	80
81	82	83	84	85	86	87	88	89	90
91	92	93	94	95	96	97	98	99	100

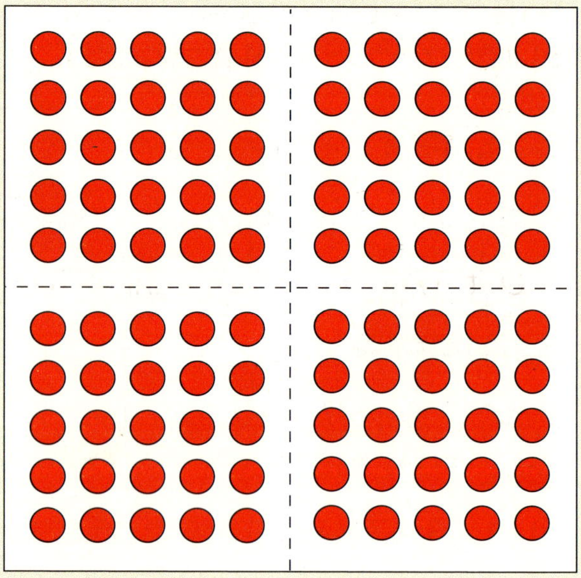

Die Hundertertafel hat 10 Zeilen.
Jede Zeile hat 10 Plätze.
Jede Zahl von 1 bis 100 findet darin ihren Platz.

1 a) Suche die Zahlen 47 und 74 in der Hundertertafel.
Lege diese Zahlen auch am Hunderterfeld. Zeige dort die Zehner und die Einer.

b) Bearbeite ebenso: 26 und 62, 17 und 71,
59 und 95, 33 und 44.

2 Verdecke 10 Zahlen auf der Hundertertafel mit Plättchen.
Dein Partner nennt die versteckten Zahlen.

3 a) Bei den Zahlen in den grünen Kreisen werden es immer ein Zehner und ein Einer mehr. Zeige.

b) Beschreibe ebenso die Zahlen in den roten Kreisen.

c) Beschreibe ebenso die Zahlen in den blauen Kreisen.

1	2	3	4	5	6	7	8	9	10
11	12	13	14	15	16	17	18	19	20
21	22	23	24	25	26	27	28	29	30
31	32	33	34	35	36	37	38	39	40
41	42	43	44	45	46	46	48	49	50
51	52	53	54	55	56	57	58	59	60
61	62	63	64	65	66	67	68	69	70
71	72	73	74	75	76	77	78	79	80
81	82	83	84	85	86	87	88	89	90
91	92	93	94	95	96	97	98	99	100

4 Schreibe die Zahlen auf mit dem
a) Einer 1. b) Einer 6.
c) Zehner 7. d) Zehner 0.

■ **1** Systematik der Zahlen ansprechen. Struktur der Hundertertafel besprechen. Vergleich mit gesprochener und geschriebener Zahl. **2** Orientierungsübungen in Partnerarbeit. **3** Muster der Zahlen in den farbigen Kreisen beschreiben. **4** Zahlen finden und notieren. → Arbeitsheft, Seite 13

5 Lege ein rotes Plättchen auf 34.
Starte mit einem blauen Plättchen immer von 34 und gehe
a) erst 1 Zehner weiter, dann 3 Einer weiter.
b) erst 3 Einer weiter, dann 1 Zehner weiter.
c) erst 3 Zehner weiter, dann 1 Einer weiter.
d) erst 1 Einer weiter, dann 3 Zehner weiter.

Welche Zielzahlen erhältst du?
Welche Wege führen zur gleichen Zielzahl?

1	2	3	4	5	6	7	8	9	10
11	12	13	14	15	16	17	18	19	20
21	22	23	24	25	26	27	28	29	30
31	32	33		35	36	37	38	39	40
41	42	43	44	45	46		48	49	50
51	52	53	54	55	56	57	58	59	60
61	62	63	64	65	66	67	68	69	70
71	72	73	74	75	76	77	78	79	80
81	82	83	84	85	86	87	88	89	90
91	92	93	94	95	96	97	98	99	100

6 Rot gegen Blau bis 100 für zwei Spieler.
Spielmaterial: Hundertertafel, Wendeplättchen
Start bei 0. Zieht abwechselnd immer um 1 oder 2 Zehner weiter, bis die Zahl 90 erreicht ist. Anschließend wird um 1 Einer oder 2 Einer weiter gezogen. Wer die 100 erreicht, gewinnt.

7 Wie viele gerade und wie viele ungerade Zahlen stehen in der Hundertertafel?

8 Versuche im Kopf (ohne Vorlage) die Hundertertafel zu malen und trage die Zahlen ein.

9 Kannst du in einer anderen Sprache bis 100 zählen?
Vergleiche mit unserer Sprechweise.

Blitzrechnen: Welche Zahl?

Zahl zeigen.

Zahl nennen.

5 Kombinationen von Einer- und Zehnerschritten beachten. **6** Züge mit roten bzw. blauen Plättchen auf der Hundertertafel (Beilage) markieren. Zuerst Zehnerschritte bei 10 beginnend auf der letzten Spalte (bis 90), dann Einerschritte auf der letzten Reihe bei 91 beginnend. Zur Grundlegung und zum weiteren regelmäßigen Üben Seite 134 oder aufgeklappte Umschlagseite im Arbeitsheft benutzen. → Verstehen und Trainieren 2, Seiten 4, 5

Hunderterreihe

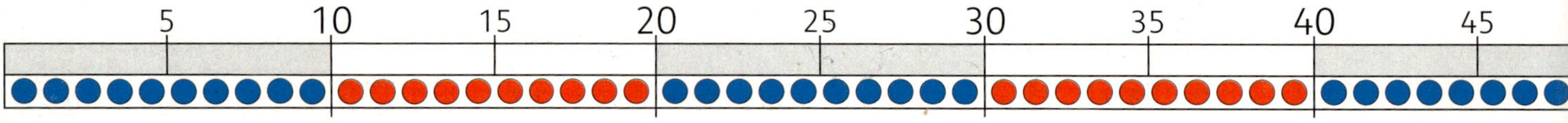

1 Zeige an der Hunderterreihe: 47, 48, 84, 46, 64, 66, 44.

2 Zähle immer fünf Schritte weiter.

a) 37 2 a) 37, 38, 39, 40, 41, 42 b) 5 c) 48 d) 67

e) 21 f) 55 g) 95

3 Suche jeweils die Nachbarzahlen.

a) 25, 45, 65 3 a) 24, 25, 26
44, 45,

b) 78, 88, 98 c) 19, 39, 59

d) 47, 77, 87 e) 80, 90, 100

4 Zurück zum Vorgänger und vor zum Nachfolger.

a) 28 – 1	b) 47 – 1	c) 69 – 1	d) 55 – 1	e) 99 – 1
28 + 1	47 + 1	69 + 1	55 + 1	99 + 1
f) 40 – 1	g) 49 – 1	h) 50 – 1	i) 70 – 1	j) 100 – 1
40 + 1	49 + 1	50 + 1	70 + 1	100 + 1

5 < oder >?

a) 36 ● 63 5 a) 36 < 63
75 ● 57
54 ● 45

b) 17 ● 71	c) 29 ● 32	d) 34 ● 43
20 ● 2	92 ● 23	92 ● 29
51 ● 49	49 ● 40	68 ● 86

Blitzrechnen: Zählen

Zahl an der Hunderterreihe zeigen.

Zahl nennen und weiterzählen.

■ **1, 2** Orientierungen an der Hunderterreihe. Struktur der Hunderterreihe besprechen. **3, 4** Nachbarzahlen mithilfe der Hunderterreihe finden. **5** Größenvergleiche an der Hunderterreihe vornehmen. Auf Zahlendreher achten. ⚡ Zur Grundlegung und zum weiteren regelmäßigen Üben Seite 134 f. oder aufgeklappte Umschlagseite im Arbeitsheft benutzen.

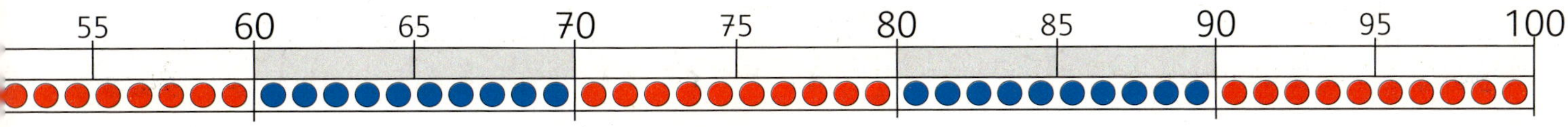

6 Zeige an der Hunderterreihe.

a) 20, 23, 30 b) 50, 57, 60 c) 80, 87, 90

7 Zwischen welchen Zehnerzahlen liegen die Zahlen 26, 64, 72, 86, 97?
Zeige.

8 Zurück zur Zehnerzahl.

a)	b)	c)	d)
31 – ..... = 30	87 – ..... = 80	25 – ..... = 20	97 – ..... = 90
32 – ..... = 30	77 – ..... = 70	26 – ..... = 20	95 – ..... = 90
33 – ..... = 30	67 – ..... = 60	27 – ..... = 20	59 – ..... = 50

9 Ergänze zur nächsten Zehnerzahl.

a)	b)	c)	d)
39 + ... = 40	26 + ... = 30	25 + ... = 30	97 + ... = 100
38 + ... = 40	46 + ... = 50	36 + ... = 40	95 + ... = 100
37 + ... = 40	66 + ... = 70	49 + ... = 50	59 + ... = 60

10 Wie geht es weiter?

a) 6, 11, 16, 21, ..., ..., ..., ..., 46, 51

b) 1, 100, 2, 99, ..., ..., ..., ..., 5, ...

c) 99, 88, 77, ..., ..., ..., ..., ..., 11, ...

d) 9, 18, 27, 36, ..., ..., ..., ..., 81, ...

Blitzrechnen: Ergänzen zum Zehner

Zahl zeigen und nennen.

Zur nächsten Zehnerzahl ergänzen.

6–10 Aufgaben mithilfe der Hunderterreihe lösen. **10** Mündlich lösen. → Arbeitsheft, Seite 14 Zur Grundlegung und zum weiteren regelmäßigen Üben Seite 134 f. oder aufgeklappte Umschlagseite im Arbeitsheft benutzen.
→ Verstehen und Trainieren 2, Seiten 6, 10

1 Zeichne einen Rechenstrich und trage die Zahlen ungefähr ein.

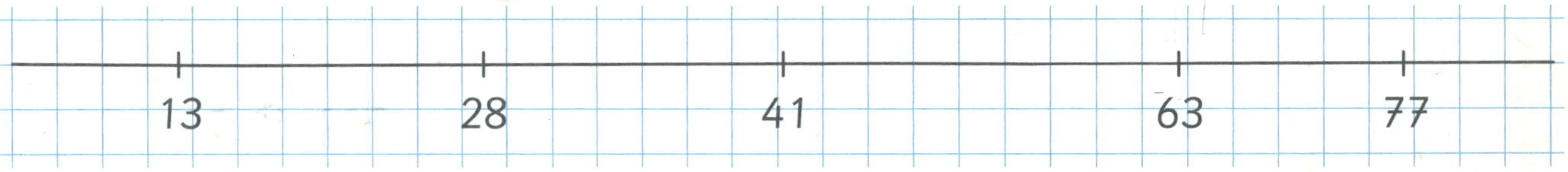

2 Ordne die Zahlen am Rechenstrich.

a) 63 36 81 90 22 40 57

b) 80 66 49 95 34 72 51

c) 11 77 44 88 66 22 55

d) 24 58 5 61 39 12 10

3 Immer fünf Zehnerschritte weiter.
Starte mit

a) 13 b) 41 c) 27

d) 38 e) 51 f) 6

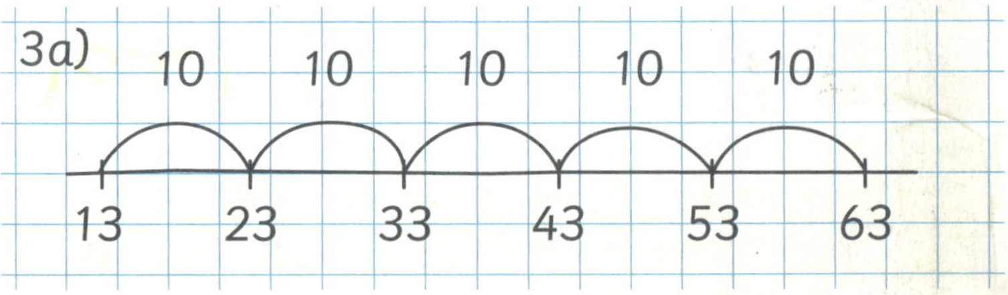

4 Immer fünf Zehnerschritte zurück.
Starte mit

a) 87 b) 63 c) 77

d) 99 e) 54 f) 65

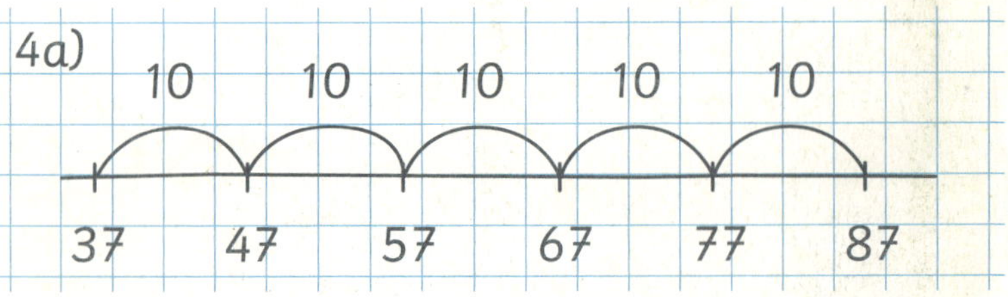

5 Immer fünf Fünferschritte weiter.
Starte mit

a) 35 b) 34 c) 36 d) 11

6 Immer fünf Fünferschritte zurück.
Starte mit

a) 90 b) 89 c) 61 d) 36

■ **1–6** Einführung des Rechenstrichs als Ordnungshilfe. Auf dem Rechenstrich muss die Lage der Zahlen nur ungefähr stimmen. Die Kinder müssen lernen, die vertikalen Kästchenlinien bei Einträgen von Zahlen auf dem Rechenstrich zu ignorieren. → Arbeitsheft, Seite 15 → Verstehen und Trainieren 2, Seite 7

7 10 vor und zurück. Starte mit
a) 37 b) 65 c) 83

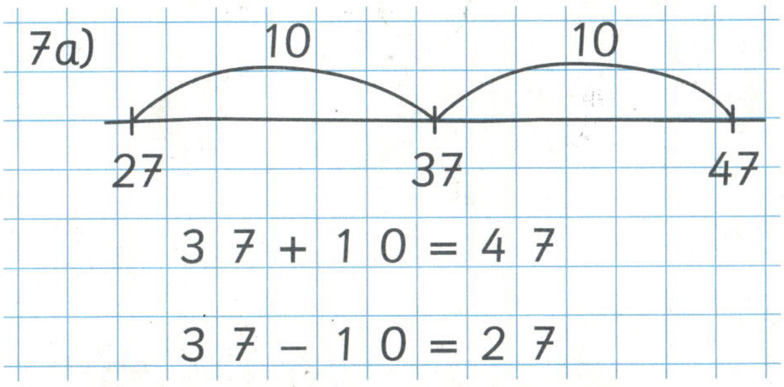

d) Starte auch mit eigenen Zahlen.
Was fällt dir auf?

8 5 vor und zurück. Starte mit
a) 37 b) 65 c) 83

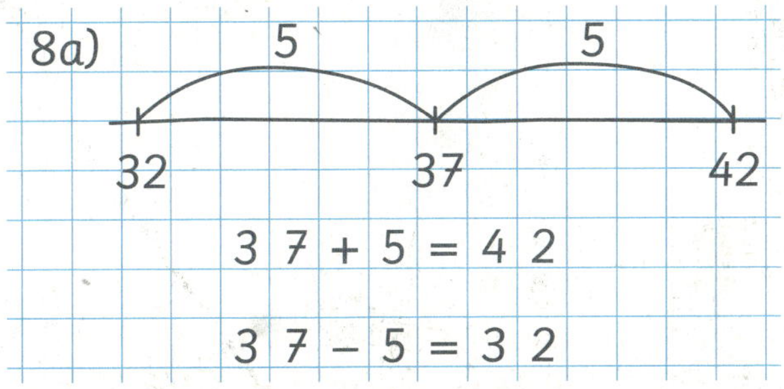

d) Starte auch mit eigenen Zahlen.
Was fällt dir auf?

9 Starte mit den Zahlen 37, 65, 83.
a) Zwei Fünferschritte vor.

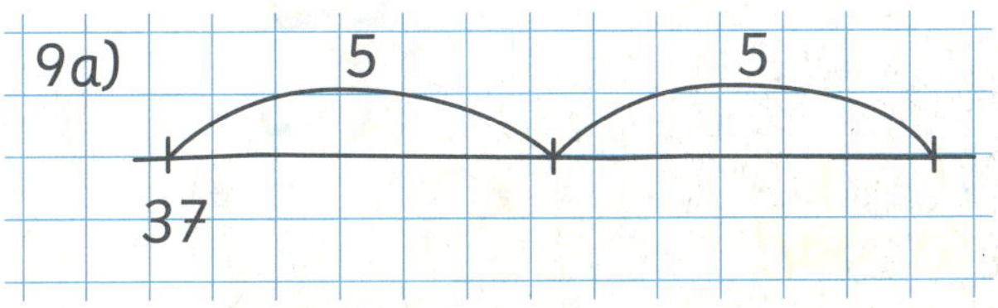

b) Fünf Zweierschritte vor.

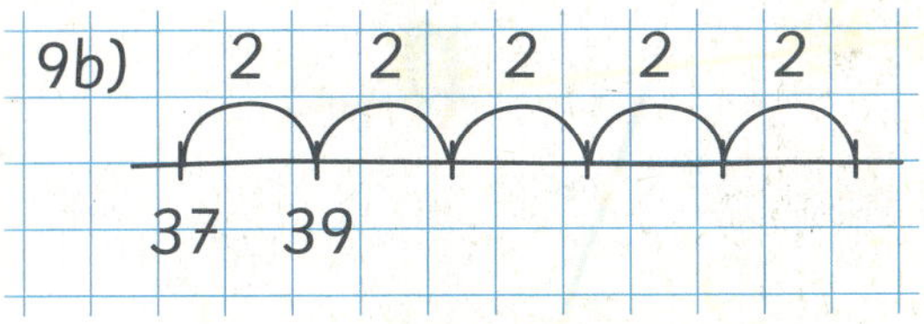

c) Warum ergeben zwei Fünferschritte das Gleiche wie fünf Zweierschritte?

10 Starte mit den Zahlen 37, 65, 83.
a) Zwei Zehnerschritte vor.

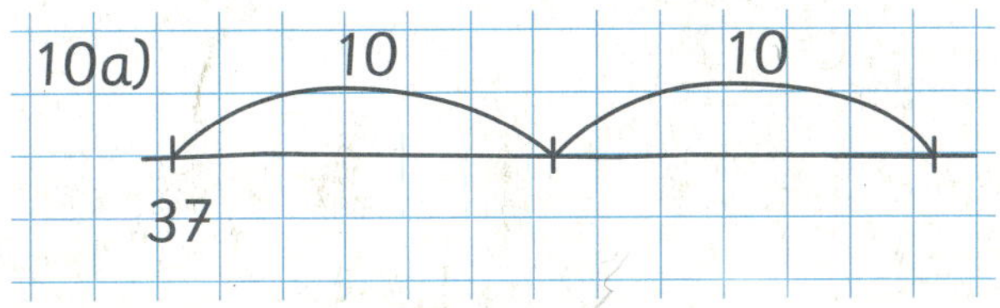

b) Vier Fünferschritte vor.

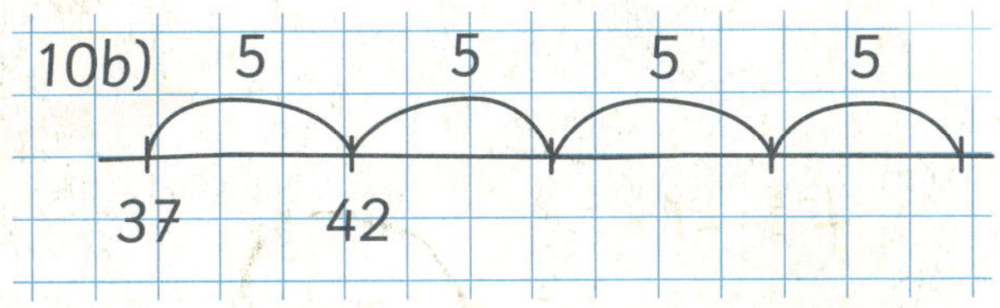

c) Was fällt dir auf?

Blitzrechnen: Zählen in Schritten

Startzahl und Schritte nennen.

In Schritten zählen und zeigen.

■ **7–10** Sprünge an der Zahlenreihe mithilfe des Rechenstrichs notieren. → Arbeitsheft, Seite 15 ⚡ Zur Grundlegung und zum weiteren regelmäßigen Üben Seite 134 f. oder aufgeklappte Umschlagseite im Arbeitsheft benutzen.
→ Verstehen und Trainieren 2, Seiten 8, 9

1 Lea fährt mit ihrer Mutter nach Heidelberg.

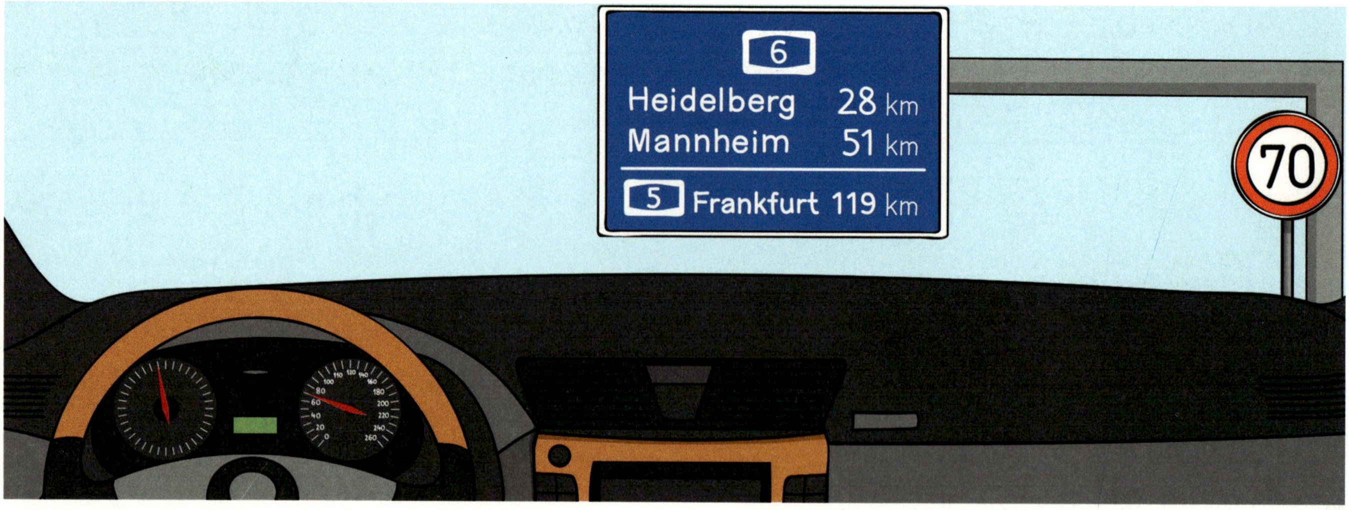

a) Wie viele Kilometer (km) müssen sie noch fahren?

b) Fährt Leas Mutter zu schnell?

2

Fußball-Bundesliga

14. Spieltag

VfL Bochum – 1. FC Köln	0:0
Hertha BSC Berlin – Eintracht Frankfurt	1:3
1899 Hoffenheim – Borussia Dortmund	1:2
Werder Bremen – VfL Wolfsburg	2:2
Mainz 05 – Hamburger SV	1:1
1. FC Nürnberg – SC Freiburg	0:1
Borussia Mönchengladbach – Schalke 04	1:0
Bayer 04 Leverkusen – VfB Stuttgart	4:0
Hannover 96 – Bayern München	0:3

Wie viele Tore sind gefallen?
Wie viele Heimsiege, wie viele Auswärtssiege, wie viele Unentschieden gab es?

3

Ich heiße Isabelle.

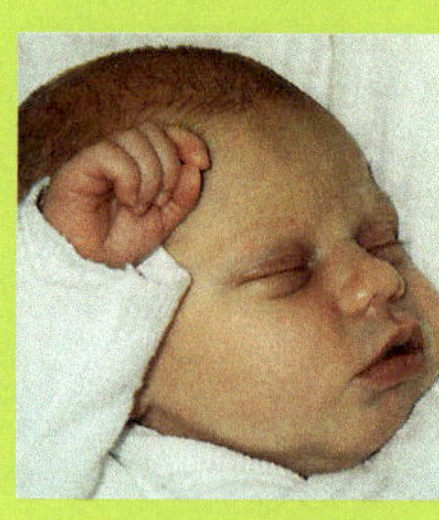

Ich bin am 28.04.2007 um 00.17 Uhr geboren. Ich wiege 2950 g und bin 49 cm groß.

Caritas Klinik
St. Theresia

Wie groß warst du bei deiner Geburt? Vergleiche mit anderen Kindern deiner Klasse.

4

?

5

Inliner!!!
Sehr gut erhalten, für nur 15,- Euro.
Neupreis 39,- Euro.
Tel.: (01 23 45) 67 89

?

6 Zählt in der Schule und zu Hause die Anzahl der Treppenstufen von Stockwerk zu Stockwerk. Vergleicht eure Zahlen in der Klasse.

■ **1–6** Sachsituationen jeweils beschreiben. Aufgaben dazu finden und rechnen (evtl. nur Auswahl).

1 Ein Metermaß selbst gemacht.

1. Nimm einen Papierstreifen von 1 Meter Länge.

2. Halbiere.

3. Halbiere nochmals.

4. Du erhältst:

5. Trage die Zentimeter ein.

! Ein Meter hat 100 Zentimeter.
1 m = 100 cm
Ein halber Meter hat 50 Zentimeter.

2 Diese Körpermaße helfen dir beim Schätzen:

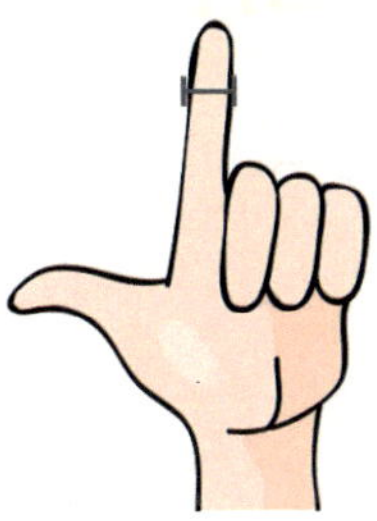

Fingerbreite 1 cm

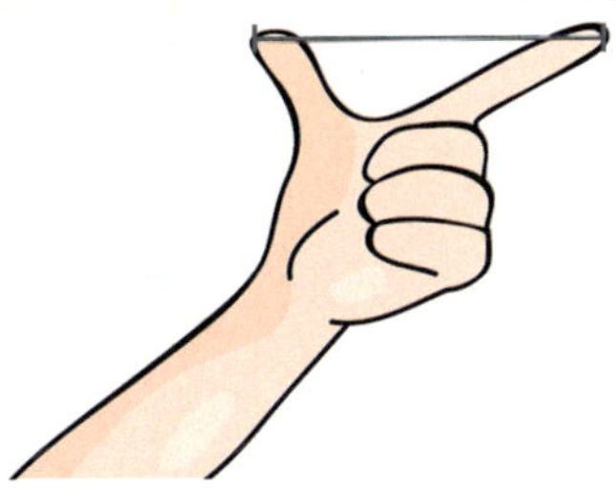

Fingerspanne 10 cm

kleiner Schritt 50 cm

Schätze und miss genau.

a) Tisch b) Stuhl c) Zahlenbuch d) Treppenstufe

2a) Tisch hoch: geschätzt 60 cm, gemessen 76 cm

breit:

lang:

e) Untersuche weitere Gegenstände.

1 Ein Metermaß herstellen (evtl. KV verwenden). **2** Stützpunktwissen für Zentimeterbeträge aufbauen: 1 cm (Fingerbreite), 10 cm (Fingerspanne), 50 cm (Schritt). Längen schätzen und messen. Begriffe wie „hoch“, „breit“, „lang“ besprechen. → Arbeitsheft, Seite 16

1 Zeichne Strecken von 3 cm, 5 cm, 6 cm und 9 cm Länge.

2 Miss die farbigen Strecken in der Figur.

a) $\overline{AB}$

b) $\overline{EF}$

c) $\overline{AC}$

d) $\overline{EG}$

Was fällt dir auf?

2a) $\overline{AB}$ = 6 cm

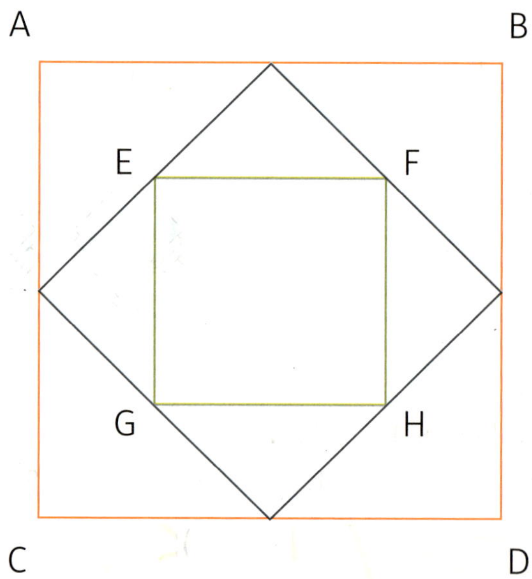

3 Miss die farbigen Strecken in der Figur und vergleiche.

a) $\overline{AB}$ und $\overline{DE}$

b) $\overline{CB}$ und $\overline{DF}$

c) $\overline{AC}$ und $\overline{FE}$

3a) $\overline{AB}$ = 10 cm

$\overline{DE}$ =

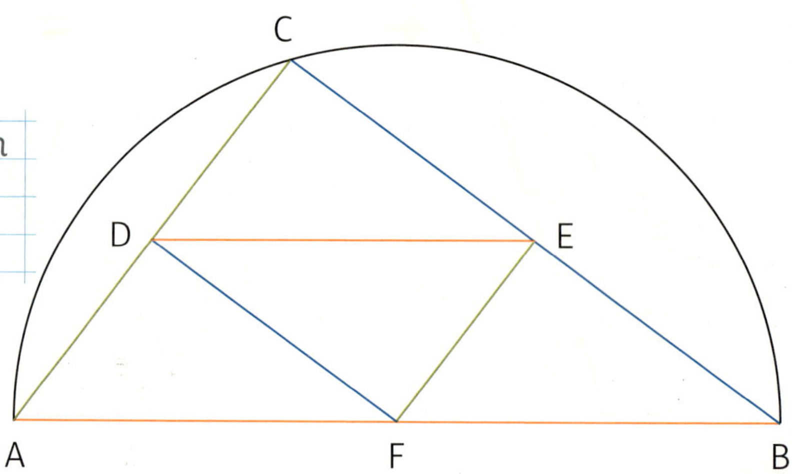

d) Versuche auch die Länge des Halbkreises zu messen.

Richtiges Anlegen des Lineals beim Messen und Zeichnen besprechen. **1** Strecken zeichnen. Dabei Anfang und Ende durch kleine Striche markieren. **2, 3** Strecken messen und vergleichen. → Arbeitsheft, Seite 17

1 Stelle aus Faltpapier verschiedene Fliesen her.

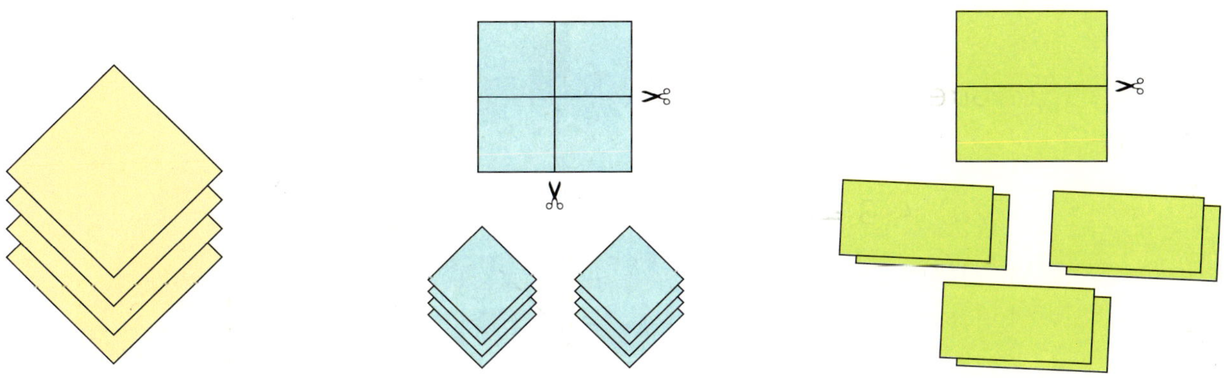

2 Lege die Fliesenmuster.
Zeichne die Muster ins Heft und setze sie fort.

a) 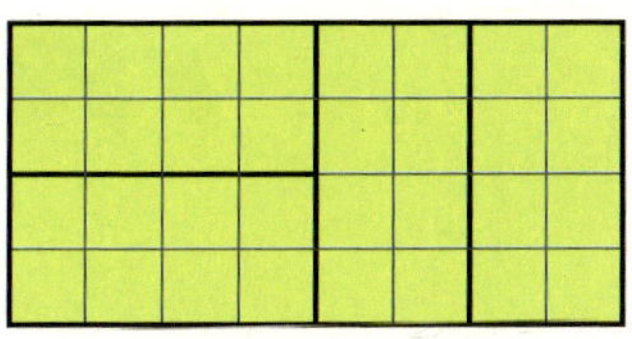

b) 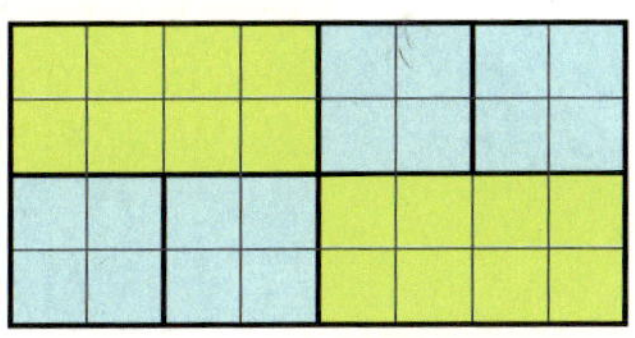

c) 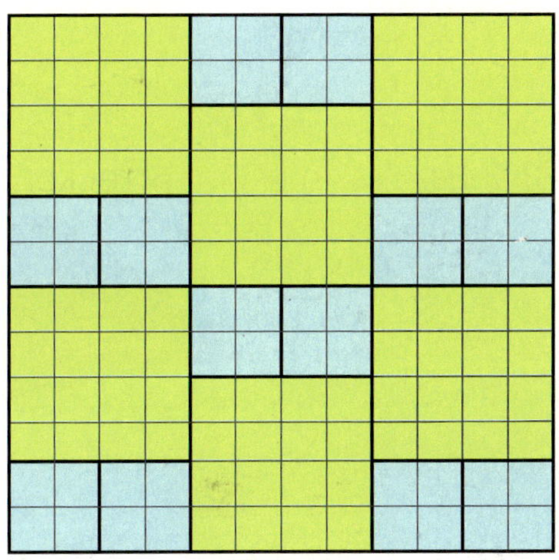

d) 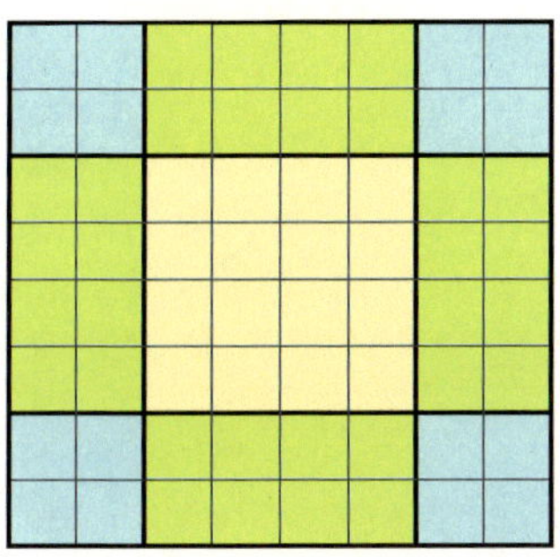

e) 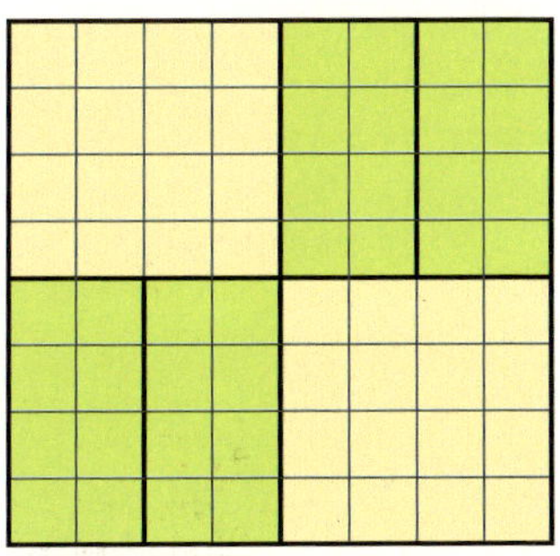

3 Erfinde selbst Fliesenmuster.

1 Lege die farbigen Figuren mit dem Tangramspiel aus.

Zunächst alle 7 Teile des Tangramspiels identifizieren und benennen (s. rechter Rand von Seite 31): 2 große, 2 kleine und ein mittleres Dreieck, ein kleines Quadrat, ein schiefes Viereck (Parallelogramm). **1** Die farbigen Figuren (Schwan und Schiff) mit Tangramspiel (Beilage) auslegen. Die kleinen schwarzen Figuren mit Tangramspiel (vergrößert) nachlegen.

2 Lege die Tangramteile mit kleinen Dreiecken aus.
Wie viele brauchst du für die einzelnen Teile?

■ In Fortsetzung von Seite 30, **1** Akrobat und Podest mit Tangramspiel (Beilage) auslegen. Kleine Figuren nachlegen. **2** Die größeren Tangramformen am Seitenrand mit kleinen Dreiecken so weit möglich konkret, sonst gedanklich auslegen. Beispiel: In das Quadrat passen 2 kleine Dreiecke. In das große Dreieck passen 4 kleine Dreiecke (indirekter Flächenvergleich).

Ergänzen bis 100

1 a) 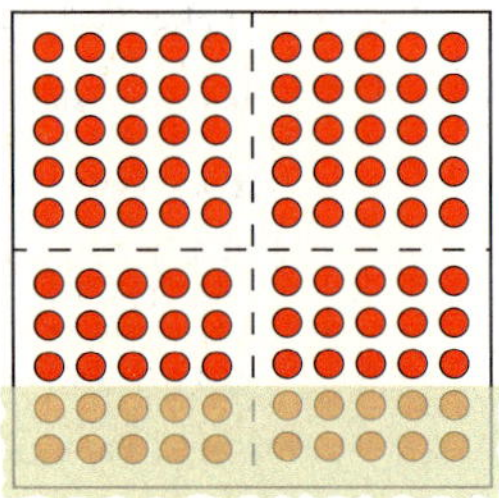

80 + ... = 100

b) 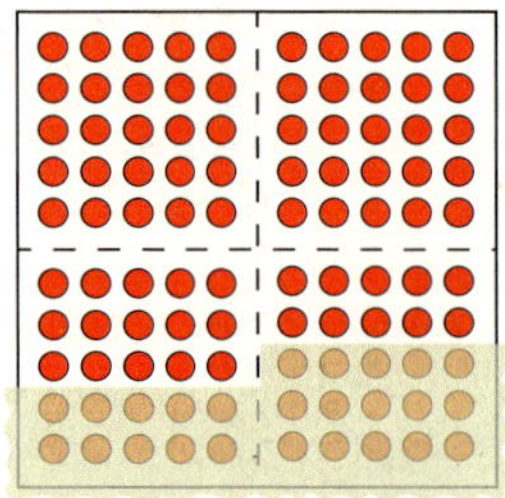

75 + ... = 100

c) 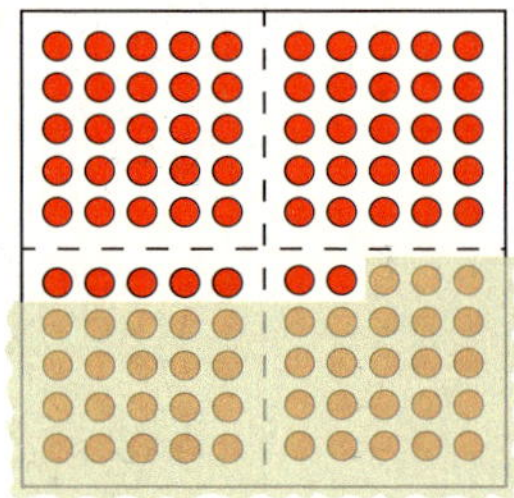

57 + ... = 100

d) 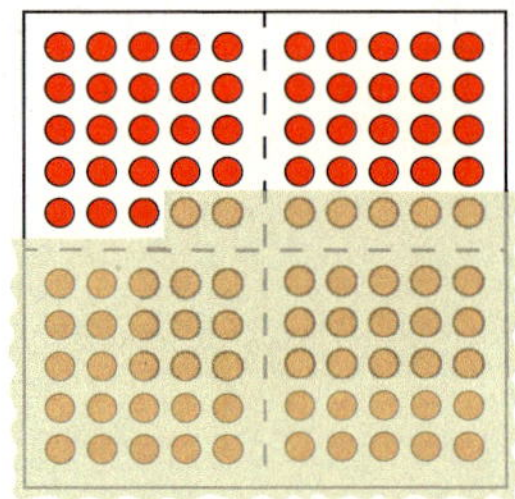

43 + ... = 100

2

a)	b)	c)	d)
90 + ... = 100	95 + ... = 100	91 + ... = 100	20 + ... = 100
80 + ... = 100	84 + ... = 100	93 + ... = 100	25 + ... = 100
70 + ... = 100	73 + ... = 100	94 + ... = 100	40 + ... = 100
60 + ... = 100	62 + ... = 100	97 + ... = 100	45 + ... = 100
50 + ... = 100	51 + ... = 100	99 + ... = 100	35 + ... = 100

3

	Deckstein	Mitte links	Mitte rechts	unten links	unten Mitte	unten rechts
a)	100	50		10		
b)	100	30		10		
c)	100	40		20		
d)	100	80		60		
e)	100	60		30		
f)	100	50		30		
g)	100		70	10		
h)	100		90	5		
i)	100		40		20	
j)	100		80	15		

4 Finde selbst Zahlenmauern mit dem Deckstein 100.

Blitzrechnen: Ergänzen bis 100

Zahlen legen und nennen.

Bis 100 ergänzen.

■ **1, 2** Ergänzungsaufgaben am Hunderterfeld lösen. **3, 4** Zahlenmauern durch Ergänzen lösen. → Arbeitsheft, Seite 18
⚡ Zur Grundlegung und zum weiteren regelmäßigen Üben Seite 135 oder aufgeklappte Umschlagseite im Arbeitsheft benutzen. → Verstehen und Trainieren 2, Seite 11

1 a)

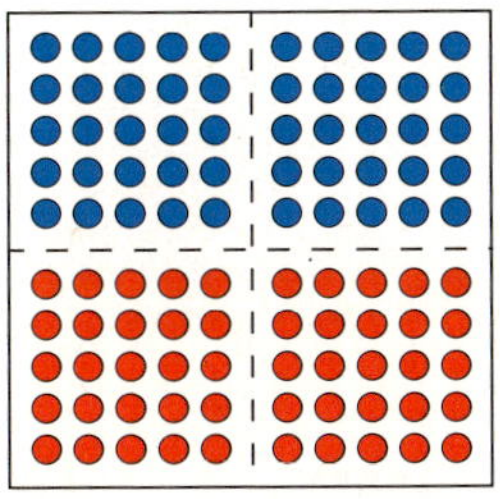

100 = ... mal 50

b)

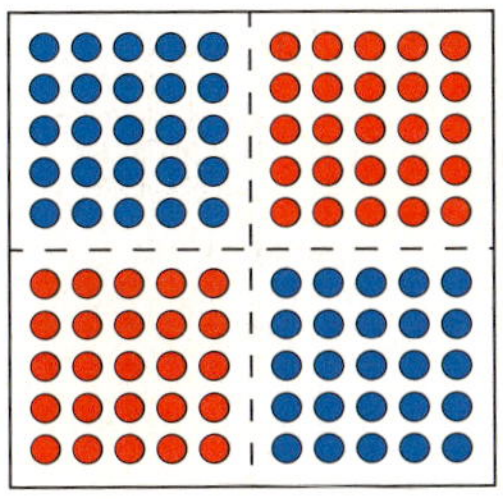

100 = ... mal 25

c)

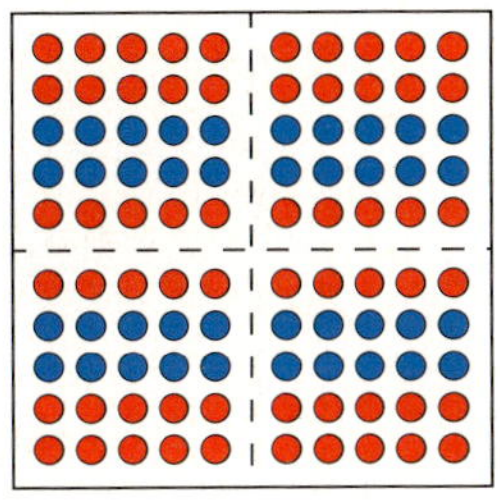

100 = ... mal 20

d)

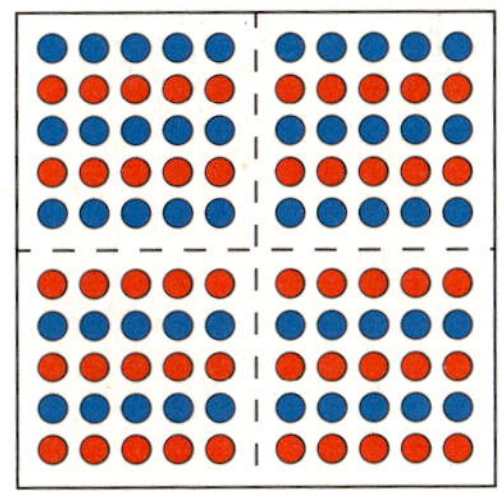

100 = ... mal 10

2 a)

100 Cent = ... mal 10 Cent

b)

100 Cent = ... mal 50 Cent

c)

100 Cent = ... mal 20 Cent

3

a)

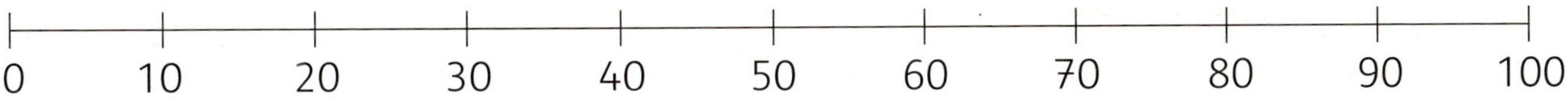

100 cm = ... mal 10 cm

b)

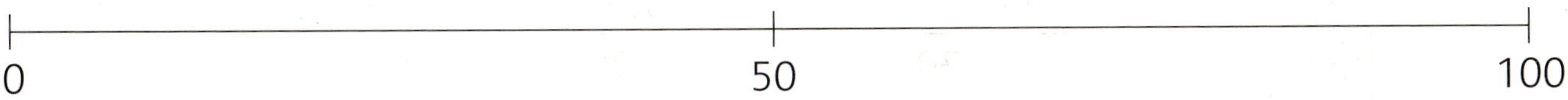

100 cm = ... mal 50 cm

c)

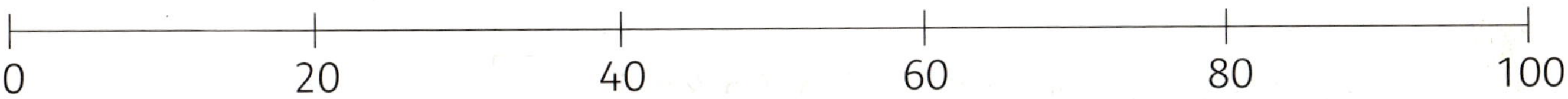

100 cm = ... mal 20 cm

Blitzrechnen: 100 teilen

100 in 2, 4, 5, 10 Teile
Aufgabe vorgeben.

Aufgabe rechnen.

1–3 Die Zahl 100 am Feld und bei Größen in gleiche Teile zerlegen. Zur Grundlegung und zum weiteren regelmäßigen Üben Seite 135 oder aufgeklappte Umschlagseite im Arbeitsheft benutzen. → Verstehen und Trainieren 2, Seite 12

Alle Münzen und Scheine

1 Ordne nach dem Wert.

! 1 Euro hat 100 Cent.
1 € = 100 ct

2 Wie viel Euro?

a)
b)
c)
d)
e)

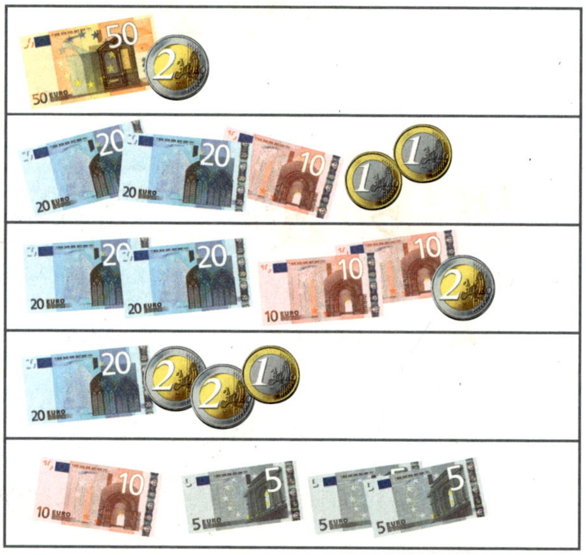

2a) 52 €

3 Wie viel Cent?

a)
b)
c)
d)
e)

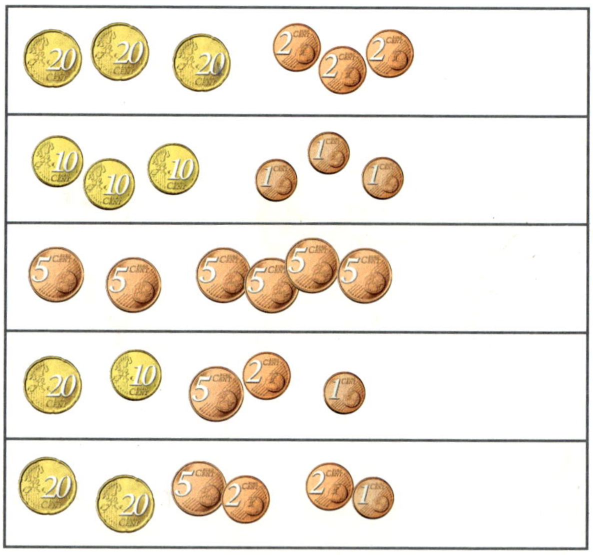

3a) 66 ct

4 Ergänze immer zu 100 Euro.
a) 87 Euro, 99 Euro, 49 Euro, 61 Euro, 78 Euro
b) 27 Euro, 19 Euro, 33 Euro, 44 Euro, 1 Euro

4a) 87 € + 13 € = 100 €
99 € +

5 Ergänze immer zu 100 Cent.
a) 98 Cent, 37 Cent, 73 Cent, 41 Cent, 19 Cent
b) 83 Cent, 22 Cent, 38 Cent, 14 Cent, 91 Cent

5a) 98 ct + 2 ct = 100 ct
37 ct +

1 Euro-Scheine und -Münzen einführen. Abkürzungen € und ct erklären. Strukturelle Analogien bei der Stückelung von Euro und Cent aufzeigen. **2–5** Aufgaben (mit Rechengeld) lösen. → Arbeitsheft, Seite 19

1 Nuri hat 35 Euro. Tim hat 55 Euro.

a) Wie viel Euro hat Nuri **weniger**?

b) Wie viel Euro hat Tim **mehr**?

c) Wie viel Euro haben sie **zusammen**?

d) Wie viel Euro muss Tim an Nuri geben, damit sie **gleich viel** Euro haben?

2 a) Wie viel Euro hat Lisa?

b) Leon hat 10 Euro **weniger als** Lisa.

c) Marie hat 5 Euro **mehr als** Lisa.

d) Felix hat 20 Euro **weniger als** Lisa.

3

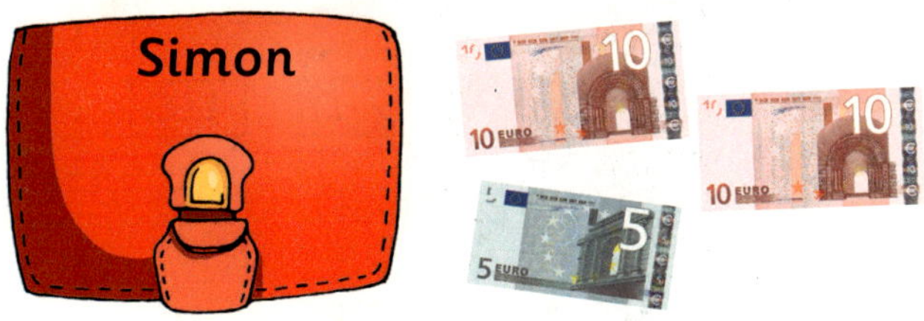

a) Wie viel Euro hat Lara?

b) Wie viel Euro hat Simon?

c) Wie viel Euro hat Lara **mehr als** Simon?

d) Wie viel Euro hat Simon **weniger als** Lara?

e) Wie viel Euro haben sie **zusammen**?

4 Julia hat 10 Euro. Sie hat **doppelt so viel** Geld wie Paul. ?

5 Anna hat 10 Euro. Sie hat **halb so viel** wie Tobias. ?

6 Sara und Jonas haben **zusammen** 60 Euro. Sara hat **doppelt so viel** Geld wie Jonas. ?

7 Romek und Aynur haben **zusammen** 50 Euro. Wenn Romek 5 Euro an Aynur abgibt, haben sie **gleich viel**. ?

8 Erfinde selbst Aufgaben.

1–8 Aufgaben mit Rechengeld lösen. Auf Formulierungen „zusammen“, „mehr als“, „weniger als“, „doppelt so viel“ besonders eingehen.

1 100 Euro in Scheinen.
a) Welche Scheine können es sein?

1a) 1 Schein [100]

5 Scheine [50] [20] [20] [5] [5]

b) Können es auch 2, 4, 6, 7, 8, … Scheine sein?

c) Warum sind 3 Scheine nicht möglich?

2 a) Lege 50 Euro in 4 Scheinen.

b) Lege 60 Euro in 3 Scheinen.

c) Lege 30 Euro in 2 Scheinen.

d) Lege 80 Euro in 5 Scheinen.

3 In einer Spardose sind 2 Scheine. Wie viel Geld kann es sein?

4 Lege mit möglichst wenigen Scheinen und Münzen.
a) 30 Euro, 80 Euro, 55 Euro, 22 Euro

4a) 30 €: [20] [10]

80 €:

b) 45 Cent, 26 Cent, 44 Cent, 65 Cent

4b) 45 ct: (20) (20) (5)

26 ct:

5 Lege 70 Euro mit 2 Scheinen,
mit 3 Scheinen,
mit 4 Scheinen, …

6 Lege 100 Cent mit 10 Münzen,
mit 9 Münzen,
mit 8 Münzen, …

Forschen und Finden

7 Lege mit 4 Scheinen:
20 Euro, 25 Euro, 30 Euro, 35 Euro, …, 90 Euro, 95 Euro, 100 Euro.

20 Euro: [5] [5] [5] [5]

25 Euro: [10] [5] [5] [5]

Bei einem dieser Beträge gibt es 4 Möglichkeiten.
Bei 4 Beträgen gibt es 3 Möglichkeiten.

■ **1–6** Über Banknoten sprechen. Wechseln von Eurobeträgen mit Rechengeld vornehmen. **7** Jedes Kind soll so viele Möglichkeiten finden, wie es kann. → Arbeitsheft, Seite 19 → Probieren und Kombinieren 2, Seiten 5–6

6 € + 3 € = 9 €
9 € – 3 € = 6 €

60 € + 30 € = 90 €
90 € – 30 € = 60 €

Vergleiche die Geldbeträge links und rechts.

1 a) 5 + 5
50 + 50
6 + 4
60 + 40
40 + 60

1a) 5 + 5 = 1 0
5 0 + 5 0 = 1 0 0
6 + 4 =

b) 5 + 4
50 + 40
9 – 4
90 – 40
9 – 5

c) 7 + 3
70 + 30
10 – 3
100 – 30
10 – 6

d) 6 + 2
60 + 20
8 – 4
80 – 40
8 – 2

2 a)

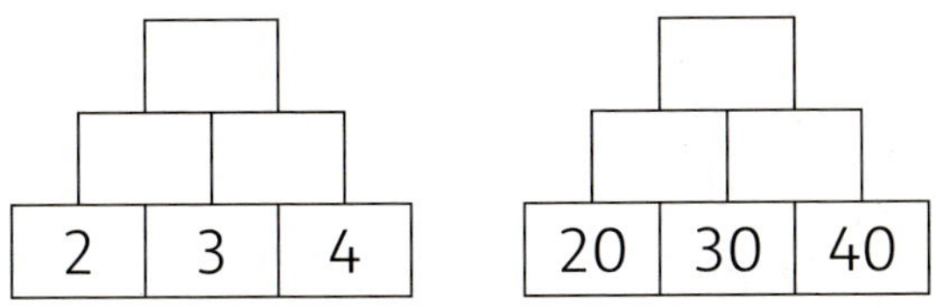

b)

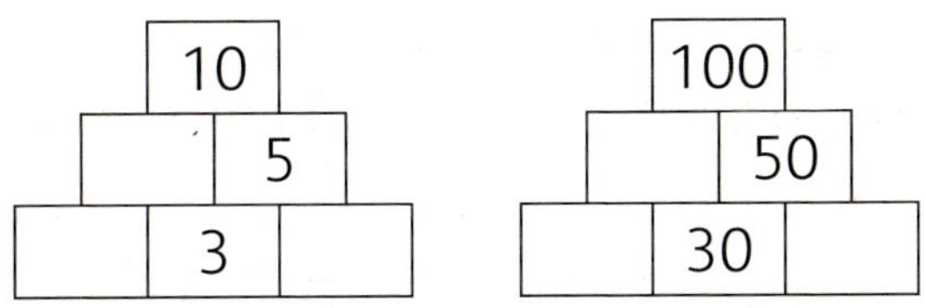

c)

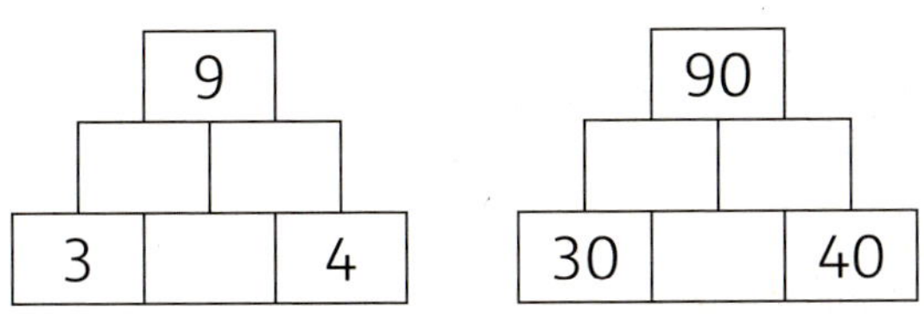

d)

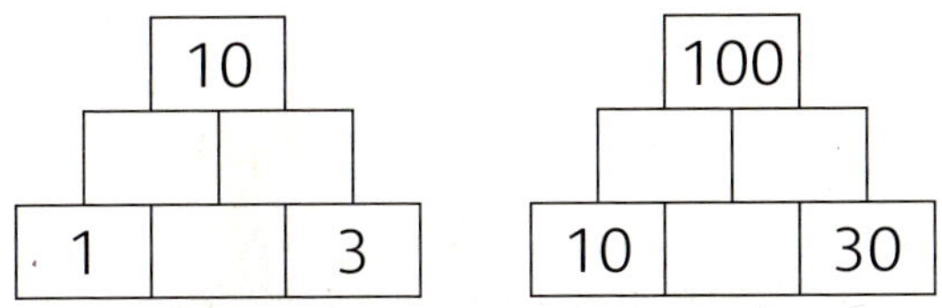

3 a) 1 + 1
10 + 10
11 + 10

b) 2 + 2
20 + 20
22 + 2

c) 3 + 3
30 + 30
33 + 30

d) 4 + 4
40 + 40
44 + 44

e) 4 + 3
40 + 30
44 + 33

4 a)

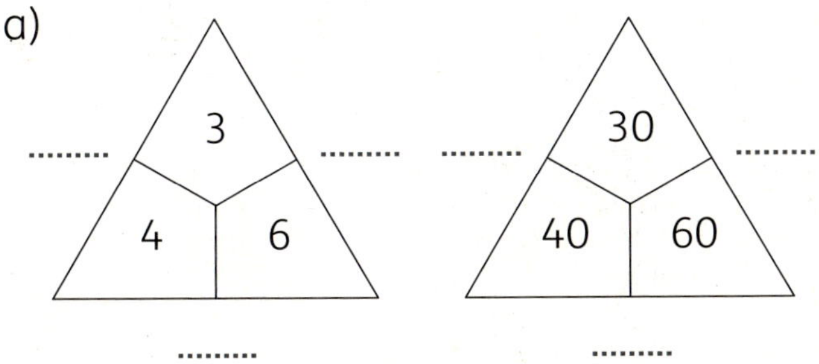

b)

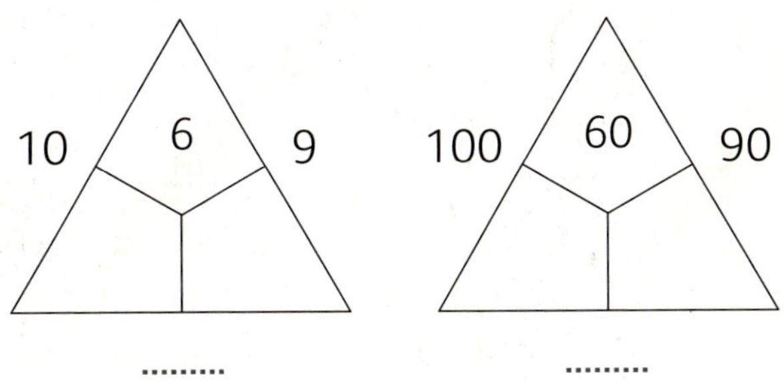

5 Das Kleid kostet 35 Euro.
Hannah gibt 50 Euro. ?

6 Die Eiskugel kostet 80 Cent.
Lena gibt 1 Euro. ?

■ Analogie des Rechnens mit Zehnern und Einern besprechen. **1–4** Beziehungen zwischen verwandten Aufgaben besprechen. **5, 6** Mündlich (evtl. mit Rechengeld) lösen. → Arbeitsheft, Seite 20

1 Verdoppelt die Zahl 26.

Lukas verdoppelt mit dem Spiegel.

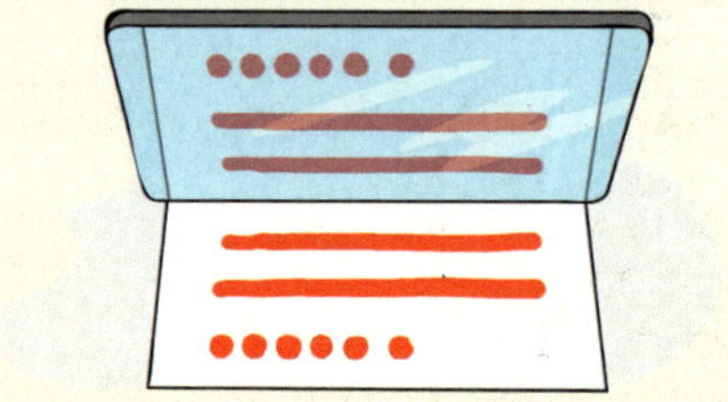

Er rechnet: 20 + 20 = 40
6 + 6 = 12
26 + 26 = 52

Lisa legt die Aufgabe mit Geld.

Sie rechnet: 40 + 10 + 2 = 52

Wie rechnen die Kinder? Vergleicht mit euren Rechenwegen.

2 Verdopple.

a) 13 + 13　b) 34 + 34　c) 24 + 24　d) 33 + 33　e) 16 + 16　f) 17 + 17

3

a) 30 + 30
2 + 2
32 + 32

3a) 30 + 30 = 60
2 + 2 = 4
32 + 32 = 64

b) 20 + 20
8 + 8
28 + 28

c) 30 + 30
7 + 7
37 + 37

d) 40 + 40
4 + 4
44 + 44

4 Verdopple die Zahlen.

a) 10, 20, 30, 40, 50　b) 5, 15, 25, 35, 45　c) 12, 14, 16, 18

d) 15, 18, 21, 24, 27　e) Wähle selbst Zahlen und verdopple sie.

Blitzrechnen: Verdoppeln

Zehner- oder Fünferzahl nennen, legen oder zeichnen.

Zahl verdoppeln.

1 Zuerst die Aufgabe auf eigenen Wegen rechnen. Lösungen besprechen (Mathekonferenz). **1, 2** Aufgaben mit Material legen und rechnen. **3, 4** Im Heft rechnen. → Arbeitsheft, Seite 21 ⚡ Zur Grundlegung und zum weiteren regelmäßigen Üben evtl. Geld oder Zehnerstreifen benutzen. → Verstehen und Trainieren 2, Seite 13

1 Halbiert die Zahl 64.

Isa legt die Aufgabe mit Geld.

Sie wechselt:

Sie berechnet die Hälfte:
20 + 10 + 2 = 32

Felix legt die Aufgabe mit Plättchen.

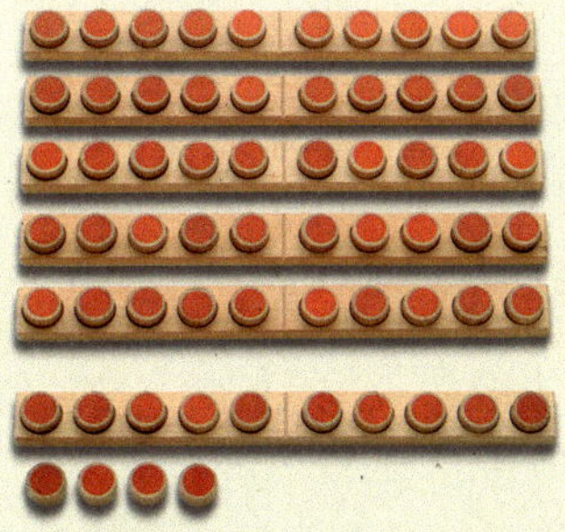

Er teilt gerecht auf: 60 = 30 + 30
4 = 2 + 2
64 = 32 + 32

Wie rechnen die Kinder? Vergleicht mit euren Rechenwegen.

2 Halbiere.

a) 24 b) 28 c) 46 d) 60 e) 52 f) 34

3 a) 30, 8, 38

3a) 30	=	15 + 15
8	=	4 + 4
38	=	19 + 19

b) 40, 8, 48

c) 50, 6, 56

d) 60, 6, 66

4 a) Halbiere die Zehnerzahlen 10, 20, 30, …, 100. Was fällt dir auf?

b) Halbiere 74, 82, 94, 62, 106.

c) Wähle selbst Zahlen und halbiere sie.

Blitzrechnen: Halbieren

Zehnerzahl nennen, legen oder zeichnen.

Zehnerzahl halbieren.

1 Zuerst die Zahl auf eigenen Wegen halbieren. Lösungen besprechen (Mathekonferenz). **1, 2** Aufgaben mit Material legen und rechnen. **3, 4** Im Heft rechnen. → Arbeitsheft, Seite 21 ⚡ Zur Grundlegung und zum weiteren regelmäßigen Üben evtl. Geld oder Zehnerstreifen benutzen. Halbierung der Zehnerzahlen als wichtige Vorübung für das Einmaleins. → Verstehen und Trainieren 2, Seite 13

1 Wie rechnet ihr 38 + 25?

Wie rechnen die Kinder? Welche einfachen Aufgaben benutzen sie?
Vergleicht mit euren Rechenwegen.

2 Probiere selbst.

a) 45 + 36 b) 25 + 38 c) 57 + 43 d) 27 + 47 e) 18 + 33

3 Wie rechnen die Kinder die Aufgabe 42 + 29?

■ **1** Zuerst 38 + 25 selbst rechnen. Verschiedene Rechenwege aufzeigen und besprechen (Mathekonferenz). Zu eigenen Wegen ermutigen. **2** Eigene Rechenwege finden. **3** Zuerst 42 + 29 selbst rechnen und dann Rechenwege der Kinder besprechen.

1 a) 37 + 2

37 + 6

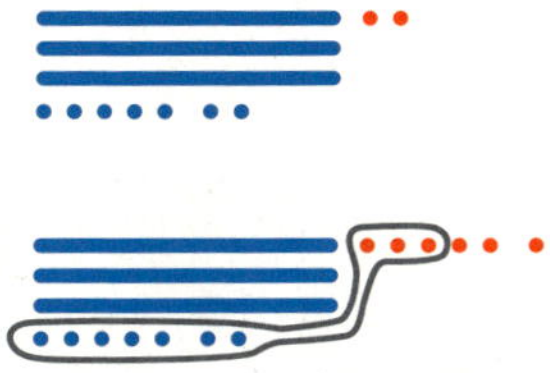

Wann entsteht ein neuer Zehner?

b) 46 + 3
46 + 8

c) 38 + 2
38 + 5

d) 83 + 6
83 + 8

e) 91 + 7
91 + 9

2 Schöne Päckchen. Setze fort.

a)	b)	c)	d)	e)	f)
14 + 8	39 + 9	12 + 6	10 + 4	10 + 2	30 + 6
25 + 8	38 + 8	14 + 7	15 + 6	15 + 3	35 + 7
36 + 8	37 + 7	16 + 8	20 + 8	20 + 4	40 + 8
47 + 8	36 + 6	18 + 9	25 + 10	25 + 5	45 + 9

3 a) 37 + 20

40 + 52

b) 46 + 50
50 + 37

c) 28 + 60
40 + 17

d) 80 + 14
18 + 30

4

a)	b)	c)	d)	e)	f)
57 + 2	36 + 8	31 + 6	84 + 10	24 + 24	43 + 40
57 + 3	37 + 7	31 + 60	74 + 10	24 + 6	43 + 4
57 + 4	38 + 6	61 + 3	64 + 30	24 + 7	43 + 7

5

a)	b)	c)	d)	e)	f)
30 + 20	60 + 10	10 + 80	20 + 70	20 + 30	50 + 30
34 + 20	67 + 10	18 + 80	24 + 70	26 + 30	53 + 30
30 + 25	60 + 18	10 + 87	20 + 73	20 + 39	50 + 34

Blitzrechnen: Einfache Plusaufgaben

Zehner dazu oder Einer dazu:
Aufgabe nennen, legen oder zeichnen.

Aufgabe rechnen.

■ **1–5** Anwendung des Einspluseins bewusst machen. → Arbeitsheft, Seite 22 ⚡ Zur Grundlegung und zum weiteren regelmäßigen Üben evtl. Geld oder Zehnerstreifen benutzen. → Verstehen und Trainieren 2, Seiten 14–16

1

a) 35 + 46	b) 28 + 54	c) 77 + 11
30 + 40	20 + 50	70 + 10
5 + 6	8 + 4	7 + 1

d) 33 + 67	e) 24 + 39	f) 48 + 37
3 + 7	4 + 9	8 + 7
30 + 60	20 + 30	40 + 30

g) Probiere selbst: 56 + 27, 33 + 48, 38 + 43, 47 + 26, 66 + 18, 79 + 13.

2

a) 45 + 38	b) 38 + 34	c) 56 + 26
45 + 30	38 + 30	56 + 20
75 + 8	68 + 4	76 + 6

d) 44 + 18	e) 47 + 26	f) 34 + 19
44 + 8	47 + 6	34 + 9
52 + 10	53 + 20	43 + 10

g) Probiere selbst: 64 + 19, 28 + 45, 34 + 27, 25 + 36, 37 + 18, 19 + 28.

3 Beginne immer mit einer leichten Aufgabe und markiere sie. Vergleiche.

a)	b)	c)
27 + 9	23 + 8	45 + 54
27 + 10	23 + 28	36 + 63
27 + 29	33 + 28	27 + 72
29 + 27	33 + 8	17 + 71
29 + 7	43 + 28	18 + 81

3a) 27 + 9 =
x 27 + 10 = 37
27 + 29 =

4 Hüpf im Päckchen! Rechne immer mit dem Ergebnis weiter.

a)	b)	c)
17 + 20 = 37	36 + 5	19 + 9
42 + 9 = ...	61 + 9	43 + 6
72 + 5 = ...	41 + 20	36 + 7
37 + 5 = 42	78 + 10	49 + 50
51 + 21 = ...	70 + 8	28 + 8
Ziel 77	Ziel 88	Ziel 99

4a) 17 + 20 = 37
37 + 5 = 42
42 + 9 =

■ **1, 2** Rechenwege besprechen und Aufgaben dazu rechnen. **3** Zusammenhänge zwischen den Aufgaben erkennen und evtl. begründen. **4** Übungsformat „Hüpf im Päckchen!“ erklären: Das Ergebnis einer Aufgabe ist die erste Zahl der nächsten Aufgabe, das Ergebnis der letzten Zahl ist die Zielzahl.

5

a) 28 + 29
   28 + 30

b) 18 + 49
   18 + 50

c) 48 + 27
   50 + 27

d) 49 + 33
   50 + 33

e) 17 + 46
   20 + 46

f) 66 + 18
   66 + 20

g) Probiere selbst: 39 + 17, 19 + 28, 62 + 29, 43 + 48, 52 + 38, 28 + 44, 37 + 28, 44 + 27.

Schöne Päckchen. Beschreibe und begründe.

6

a) 39 + 16
44 + 16
49 + 16
54 + 16
59 + 16

6a) Die erste Zahl wird immer um 5 größer, die zweite Zahl bleibt gleich. Also erhöht sich das Ergebnis immer um 5.

b) 27 + 19
30 + 19
33 + 19
36 + 19
39 + 19

c) 44 + 17
44 + 19
44 + 21
44 + 23
44 + 25

7

a) 17 + 43
22 + 38
27 + 33
32 + 28
37 + 23

7a) Die erste Zahl wird immer um 5 größer, die zweite Zahl wird um 5 kleiner. Also bleibt das Ergebnis der Plusaufgaben immer gleich.

b) 48 + 43
50 + 41
52 + 39
54 + 37
56 + 35

c) 35 + 53
33 + 55
31 + 57
29 + 59
27 + 61

8 Die Kinder haben eine Plusaufgabe gerechnet. Das Ergebnis ist 48.

a) Paul erhöht die erste Zahl um 7 und die zweite Zahl um 5. Wie lautet das neue Ergebnis?

b) Paula erhöht die erste Zahl um 7 und erniedrigt die zweite Zahl um 5. Wie lautet das neue Ergebnis?

c) Finde viele Plusaufgaben mit dem Ergebnis 48.

9 Hüpf im Päckchen! Rechne immer mit dem Ergebnis weiter.

a) 36 + 9 = 45
55 + 11 = ...
45 + 10 = 55
78 + 13 = ...
66 + 12 = ...
Ziel 91

b) 25 + 11
81 + 19
64 + 17
36 + 13
49 + 15
Ziel 100

c) 20 + 10
72 + 18
56 + 16
42 + 14
30 + 12
Ziel 90

■ **5** Strategie „Hilfsaufgabe" besprechen und Aufgaben dazu rechnen. **6–8** Zusammenhänge zwischen den Aufgaben erkennen und evtl. begründen. **9** Analog zu **4** rechnen. → Arbeitsheft, Seiten 23, 24

27 + 68 = ...

68 + 27 = ...

1 Rechne die Aufgabe oder die Tauschaufgabe.

a) 2 + 49 b) 18 + 47 c) 5 + 86

d) 64 + 17 e) 35 + 56 f) 27 + 26

! Tauschaufgaben haben immer das gleiche Ergebnis.

2

15	21	18

15	18	21

18	15	21

18	21	15

21	18	15

21	15	18

Vergleiche die Mauern.
Was fällt dir auf?
Begründe.

3 Lege Zahlenmauern.

a) Aus

3	9	12
15	24	36

legt Rasmus:

36
12 24
3 9 15

Wie geht es noch?

b)

12	15	19
31	34	65

c)

2	11	12
13	23	36

d)

1	9	10
16	25	35

4

a)	b)	c)	d)
13 + 45	31 + 45	41 + 35	51 + 34
13 + 54	31 + 54	41 + 53	51 + 43
14 + 35	34 + 15	43 + 15	53 + 14
14 + 53	34 + 51	43 + 51	53 + 41
15 + 34	35 + 14	45 + 13	54 + 13
15 + 43	35 + 41	45 + 31	54 + 31

e) Kontrolliere:
Es gibt 6 verschiedene Ergebnisse.
Jedes Ergebnis kommt viermal vor.
Woran liegt das?

■ An Material zeigen, dass die Summe von der Lage (= Reihenfolge) der Summanden unabhängig ist. **1** Vorteil von „Groß plus Klein“ gegenüber „Klein plus Groß“ herausarbeiten. **2, 3** Tauschaufgaben bei Zahlenmauern nutzen. **4** Aufgaben rechnen und nach Ergebnissen sortieren. Gleiche Ergebnisse begründen. → Arbeitsheft, Seite 25
→ Probieren und Kombinieren 2, Seiten 10–12

1 Rechne geschickt. Überlege bei jeder Aufgabe.

a) 17 + 62	b) 18 + 29	c) 38 + 19	d) 67 + 19	e) 89 + 7
24 + 38	17 + 62	18 + 39	36 + 11	79 + 8
28 + 34	28 + 19	43 + 31	57 + 29	78 + 9
12 + 67	67 + 12	41 + 33	31 + 16	87 + 9

f) Kontrolliere: Je zwei Ergebnisse in einem Päckchen sind gleich. Warum?

2 Finde weitere Aufgaben mit dem gleichen Ergebnis.

a) 25 + 26 = 51	b) 17 + 71 = 88	c) 39 + 8 = 47	d) 17 + 80 = 97
26 + 25 = 51	77 + 11 = 88	40 + 7 = 47	27 + 70 = 97
21 + 30 = 51	71 + 17 = 88	41 + 6 = 47	37 + 60 = 97

e) Warum sind die Ergebnisse in einem Päckchen immer gleich?

3 Trage jeweils die sechs Zahlen passend ein. Probiere.

a) 50, 44, 20, 30, 14, 34

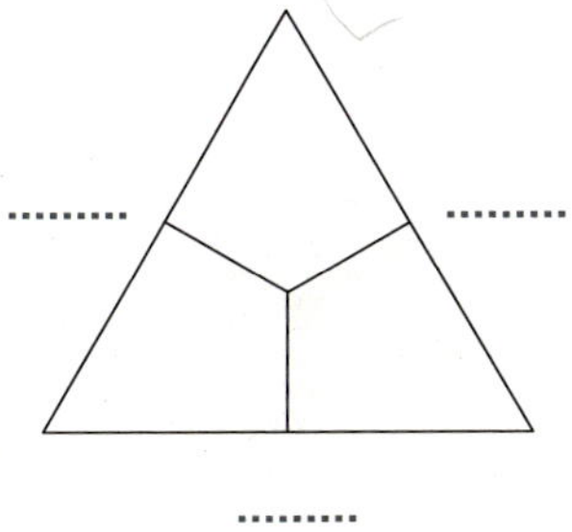

b) 32, 51, 25, 26, 58, 57

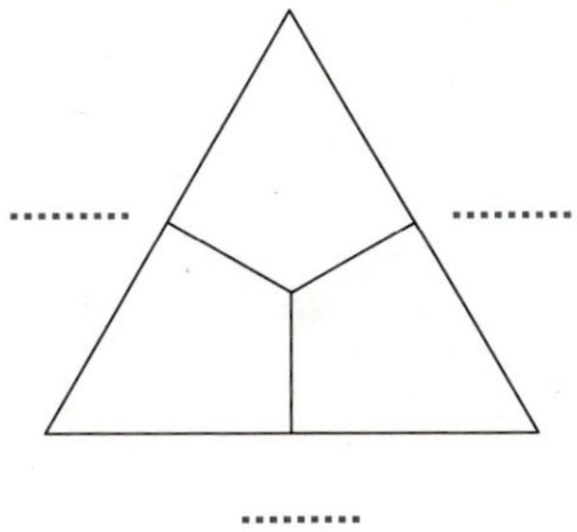

c) 78, 42, 40, 82, 80, 38

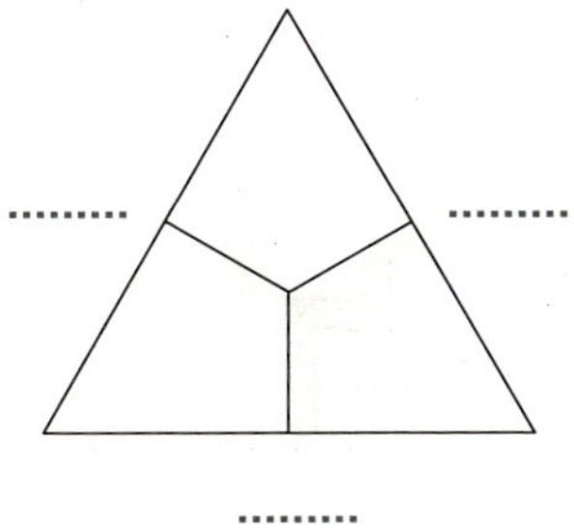

d) 27, 92, 11, 65, 38, 76

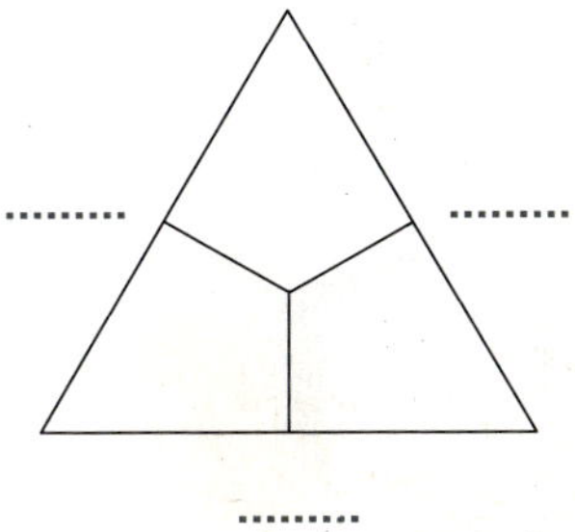

e) 17, 50, 33, 45, 61, 28

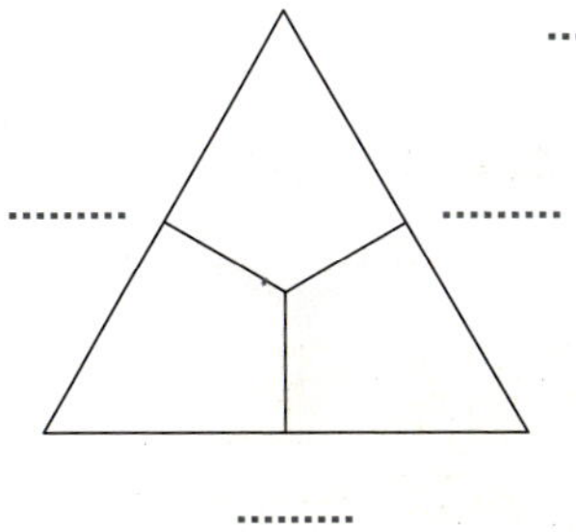

4 < oder = oder >?

a) 25 + 25 ● 50	b) 49 + 48 ● 100	c) 35 + 35 ● 70	d) 42 + 39 ● 80
25 + 26 ● 50	54 + 55 ● 100	34 + 33 ● 70	40 + 40 ● 80
25 + 24 ● 50	50 + 50 ● 100	35 + 39 ● 70	38 + 37 ● 80

5

a) 23 + 45	b) 32 + 45	c) 42 + 35	d) 52 + 34	e) Kontrolliere: Ein Ergebnis kommt achtmal vor. Woran liegt das?
23 + 54	32 + 54	42 + 53	52 + 43	
24 + 35	34 + 52	43 + 25	53 + 24	
24 + 53	34 + 25	43 + 52	53 + 42	
25 + 34	35 + 24	45 + 23	54 + 23	
25 + 43	35 + 42	45 + 32	54 + 32	

■ **1, 2** Evtl. operative Beziehungen besprechen. Beispiel: 17 + 62 = 79 = 12 + 67, da die Einer nur den Platz getauscht haben. **3** Zum Probieren anregen. **5** Evtl. Hinweis geben, dass nicht immer genau gerechnet werden muss. Beispiel: 25 + 26 ist größer als 50, denn 25 + 25 = 50. **6** Aufgaben rechnen und nach Ergebnissen sortieren. Gleiche Ergebnisse begründen. → Arbeitsheft, Seite 26 → Probieren und Kombinieren 2, Seiten 5, 6

Forschen und Finden – Beschreiben und Begründen

1 Schöne Päckchen. Setze fort.

a) 35 + 35
40 + 30
45 + 25
50 + 20

b) 42 + 24
47 + 19
52 + 14
57 + 9

c) 38 + 35
36 + 37
34 + 39
32 + 41

d) 24 + 16
22 + 18
20 + 20
18 + 22

e) 29 + 41
32 + 38
35 + 35
38 + 32

f) 3 + 17
14 + 16
25 + 15
36 + 14

g) 7 + 16
18 + 15
29 + 14
40 + 13

h) 31 + 18
43 + 16
55 + 14
67 + 12

i) 17 + 11
26 + 12
35 + 13
44 + 14

j) 39 + 11
48 + 13
57 + 15
66 + 17

2 Schöne Päckchen?

a) 41 + 40
43 + 38
45 + 36
46 + 34
49 + 32

2a) 41 + 40 = 81
43 + 38 = 81
45 + 36 = 81
(46 + 34 = 80)
47 + 34 = 81
49 + 32 = 81

b) 28 + 15
38 + 16
48 + 17
58 + 18
78 + 19

c) 24 + 56
36 + 46
47 + 36
58 + 26
69 + 16

3 Rechne immer mit dem Ergebnis weiter und setze fort.

a) 0 + 1 = 1
1 + 2 = 3
3 + 3 = 6
6 + 4 = ...
..... + 5 = ...

3a) 0 + 1 = 1
1 + 2 = 3
3 + 3 = 6

b) 15 + 6
..... + 7
..... + 8
..... + 9
..... + 10

c) 0 + 1
..... + 3
..... + 5
..... + 7
..... + 9

d) 25 + 11
..... + 13
..... + 15
..... + 17
..... + 19

4 Fasse geschickt zusammen.

a) 1 + 2 + 3 + 4 + 5
2 + 3 + 4 + 5 + 6
12 + 13 + 14 + 15 + 16

b) 1 + 2 + 4 + 8
1 + 2 + 4 + 8 + 16
1 + 2 + 4 + 8 + 16 + 32

c) 1 + 8 + 16
1 + 8 + 16 + 24
1 + 8 + 16 + 24 + 32

5 Wie kannst du geschickt rechnen?

a) 9 + 13 + 21
7 + 9 + 23

b) 13 + 14 + 15 + 16
14 + 15 + 16 + 17

c) 26 + 28 + 34
27 + 29 + 33

d) 12 + 25 + 18
13 + 36 + 17

e) 1 + 2 + 3 + 4 + 5 + 6 + 7 + 8 + 9 + 10 + 9 + 8 + 7 + 6 + 5 + 4 + 3 + 2 + 1

■ **1** Aufgaben rechnen. Muster erkennen, beschreiben, begründen und fortsetzen. **2** Aufgaben rechnen, Muster erkennen, beschreiben und begründen. Störungen beseitigen. **3** Es handelt sich um die fortlaufende Berechnung der Dreieckszahlen. **4, 5** Summanden geschickt zusammenfassen, z. B. zu Zehnerzahlen.

→ Arbeitsheft, Seite 26

Forschen und Finden

1

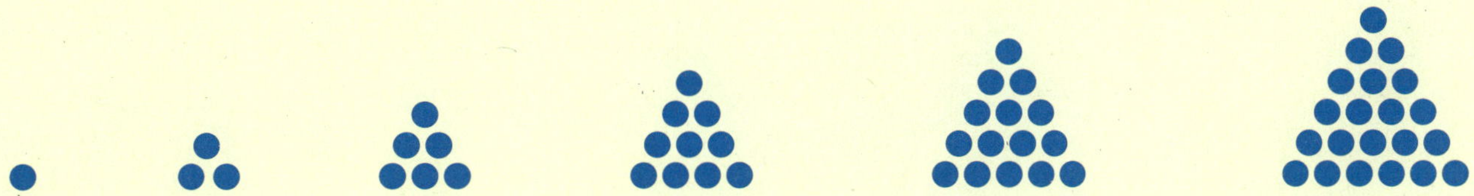

1	1 + 2	3 + 3	6 + 4	10 + 5	15 + 6
1	3	6	10	15	.....

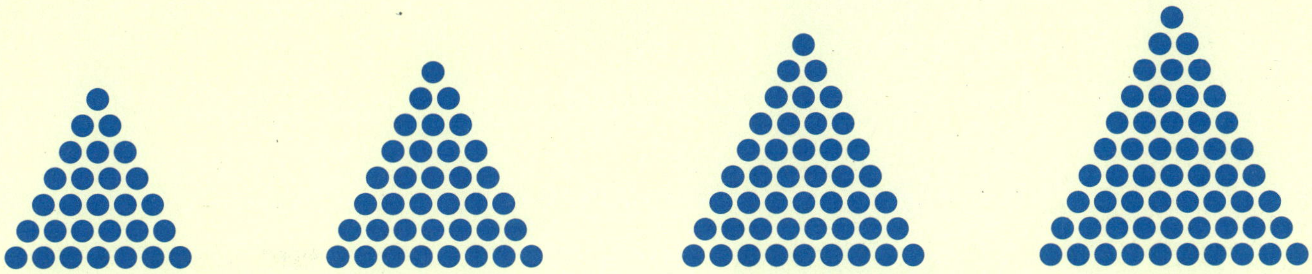

21 + 7	..... + ...	..... + ...	..... + ...
.....	.....	.....	.....

Die roten Zahlen heißen Dreieckszahlen. Erkläre die Rechnungen. Wie viele Punkte kommen jeweils dazu?
Die weiteren Dreieckszahlen bis 100 sind 66, 78, 91. Prüfe nach.

2 Wähle eine Zahl aus der Hundertertafel. Versuche die Zahl als Summe von zwei oder drei Dreieckszahlen zu schreiben. Es gibt oft mehrere Möglichkeiten.

1	2	3	4	5	6	7	8	9	10
11	12	13	14	15	16	17	18	19	20
21	22	23	24	25	26	27	28	29	30
31	32	33	34	35	36	37	38	39	40
41	42	43	44	45	46	45	48	49	50
51	52	53	54	55	56	57	58	59	60
61	62	63	64	65	66	67	68	69	70
71	72	73	74	75	76	77	78	79	80
81	82	83	84	85	86	87	88	89	90
91	92	93	94	95	96	97	98	99	100

Gewählte Zahl: 65

65 = 55 + 10

56 = 55 + 1

30 = 10 + 10 + 10

33 = 15 + 15 + 3

65 = 45 + 10 + 10

24 = 15 + 6 + 3

■ **1** Beziehung zu Seite 46, **3** herstellen. Fortlaufende Rechnungen am „Wachsen" der Dreiecksmuster erklären. **2** Carl Friedrich Gauß hat bewiesen, dass sich jede natürliche Zahl als Summe von höchstens drei Dreieckszahlen darstellen lässt.

1 Hat das Zuckerstück die Form eines Würfels?

2 a)

b)

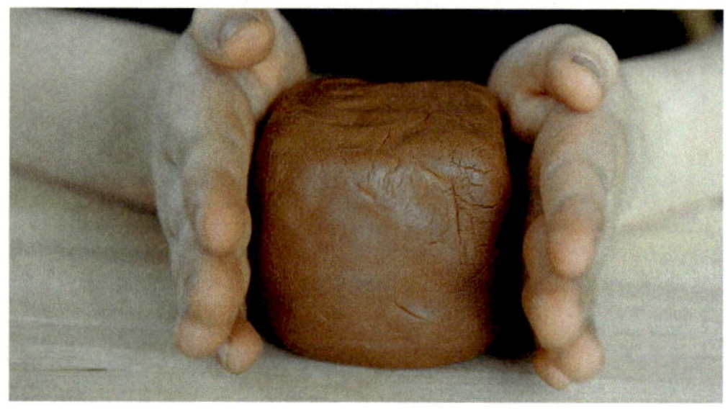

3 Bastelanleitung für eine Tischlaterne.
Material:

1. Kanten falten.

2. Ecken kleben.

3. Fensterflächen kleben.

4 Wie viele kleine Würfel stecken in jedem Würfel?

Wie viele kleine Würfel sind es zusammen? Rechne geschickt.

Nutzung der Würfelform in der Umwelt besprechen. Kanten, Ecken und Flächen aufzeigen. **2** Würfel herstellen. **3** Mit stabilem Karton und Transparentpapier arbeiten. **4** Mit kleinen Würfeln größere Würfel bauen und Anzahlen bestimmen, dabei Strukturen benutzen.

5 Körper, die so aussehen wie diese Ziegelsteine, nennt man Quader.

Finde Quader in der Umwelt.

6 Baut Mauern.

a) Wie viele Bausteine sind in jeder Mauer? Kennst du diese Zahlen?

b) Wie viele Bausteine sind es zusammen?

c) Aus wie vielen Bausteinen besteht die zehnte Mauer mit 10 Grundsteinen?

7 Vergleiche Quader und Würfel.

a) Wie viele Ecken, wie viele Flächen, wie viele Kanten haben die Körper?

b) Welche Kanten sind gleich lang? Welche Flächen sind gleich groß?

c) Warum kann man mit Würfeln und Quadern gut bauen?

8 Aus wie vielen kleinen Würfeln besteht jedes Gebäude?

a)

b)

c)

5 Herstellung und Verwendung von Ziegelsteinen (Quadern) besprechen. Quader in der Umwelt suchen. **6** Aus Quadern (Bauklötze, Streichholzschachteln o. Ä.) Mauern nachbauen und Anzahlen bestimmen, dabei Strukturen benutzen. **7** Würfel und Quader an Objekten aus der Umwelt beschreiben und dabei vergleichen. **8** Mit kleinen Würfeln Gebäude bauen und Anzahlen bestimmen. Gebäude dazu geeignet unterteilen.

1 Wie rechnet ihr 57 – 23?

Wie rechnen die Kinder? Welche einfachen Aufgaben benutzen sie?
Vergleicht mit euren Rechenwegen.

2 Probiere selbst.

a) 48 – 25 b) 66 – 41 c) 39 – 27 d) 77 – 64 e) 38 – 15

3 Wie rechnen die Kinder die Aufgabe 53 – 27?

■ **1** Zuerst 57 – 23 selbst rechnen. Verschiedene Rechenwege aufzeigen und besprechen (Mathekonferenz). Zu eigenen Wegen ermutigen. **2** Selbst Rechenwege finden. **3** Zuerst 53 – 27 selbst rechnen, dann Rechenwege der Kinder besprechen.

1

a) 37 − 4 

34 − 7 

b) 49 − 8 

48 − 9 

c) 25 − 6	d) 75 − 4	e) 33 − 5	f) 46 − 4
26 − 5	74 − 5	35 − 3	44 − 6

Wann muss ein Zehner angeknabbert werden?

2 Lege und rechne.

a) Lege 35 Euro, nimm 4 Euro weg.
Lege 34 Euro, nimm 5 Euro weg.

b) Lege 97 Euro, nimm 6 Euro weg.
Lege 96 Euro, nimm 7 Euro weg.

3 Schöne Päckchen.

a)	b)	c)	d)	e)
41 − 30	98 − 10	55 − 10	90 − 9	100 − 1
52 − 30	97 − 20	64 − 30	80 − 8	90 − 2
63 − 30	96 − 30	73 − 50	70 − 7	80 − 3
74 − 30	95 − 40	82 − 70	60 − 6	70 − 4
85 − 30	94 − 50	91 − 90	50 − 5	60 − 5

Kannst du die Päckchen fortsetzen?

4

a)	b)	c)	d)	e)
87 − 10	65 − 30	43 − 40	57 − 5	34 − 4
87 − 80	66 − 30	43 − 4	57 − 6	34 − 5
87 − 7	65 − 3	42 − 4	57 − 7	34 − 10
87 − 8	66 − 3	42 − 40	57 − 8	34 − 20
87 − 70	66 − 65	43 − 42	57 − 9	34 − 21

Blitzrechnen: Einfache Minusaufgaben

Zehner weg oder Einer weg:
Aufgabe nennen, legen oder zeichnen.

Aufgabe rechnen.

1, 2 Entdecken, wann ein Zehner „angeknabbert" werden muss. **3, 4** Einfache Minusaufgaben rechnen, evtl. mit Material legen oder zeichnen. → Arbeitsheft, Seite 27 ⚡ Zur Grundlegung und zum weiteren regelmäßigen Üben evtl. Geld oder Zehnerstreifen benutzen. → Verstehen und Trainieren 2, Seiten 17–19

Von einfachen zu schwierigen Minusaufgaben

1

a) 87 – 26
87 – 20
67 – 6

b) 65 – 26
65 – 20
45 – 6

c) 59 – 38
59 – 30
29 – 8

d) 39 – 18
39 – 8
31 – 10

e) 66 – 38
66 – 8
58 – 30

f) 77 – 48
77 – 8
69 – 40

g) Probiere selbst:
38 – 19, 54 – 26, 66 – 18, 73 – 25, 87 – 34, 84 – 32, 65 – 37, 78 – 45.

2

a) 63 – 31
60 – 30
3 – 1

b) 98 – 37
90 – 30
8 – 7

c) 86 – 35
80 – 30
6 – 5

d) 75 – 43
70 – 40
5 – 3

e) 96 – 75
90 – 70
6 – 5

f) 47 – 25
40 – 20
7 – 5

g) Probiere selbst:
69 – 14, 45 – 28, 37 – 24, 48 – 17, 34 – 23, 76 – 41, 66 – 44, 67 – 45.

3 Beginne immer mit einer leichten Aufgabe und markiere sie. Vergleiche.

a) 56 – 29
56 – 30
56 – 45
56 – 37
56 – 7

3a) 56 – 29 =
x 56 – 30 = 26
56 – 45 =

b) 77 – 48
77 – 39
77 – 49
77 – 9
77 – 40

c) 96 – 7
96 – 17
96 – 70
96 – 77
96 – 16

4 Hüpf im Päckchen! Rechne immer mit dem Ergebnis weiter.

a) 60 – 6 = 54
48 – 6 = ...
36 – 6 = ...
54 – 6 = 48
42 – 6 = ...

Ziel 30

4a) 60 – 6 = 54
54 – 6 = 48
48 – 6 =

b) 70 – 7
56 – 7
42 – 7
63 – 7
49 – 7

Ziel 35

c) 85 – 20
39 – 9
54 – 8
65 – 11
46 – 7

Ziel 30

1, 2 Rechenwege besprechen und Aufgaben dazu rechnen. **3** Zusammenhänge zwischen den Aufgaben erkennen und begründen. **4** Evtl. Übungsformat „Hüpf im Päckchen!" noch einmal erklären (s. Seite 42, Aufgabe 4).

5 Hilfsaufgabe

a)	b)	c)
59 – 27	53 – 29	63 – 18
60 – 27	53 – 30	63 – 20

d)	e)	f)
66 – 38	48 – 19	89 – 31
66 – 40	48 – 20	90 – 31

g) Probiere selbst:
56 – 18, 54 – 27, 73 – 29, 45 – 17, 88 – 47,
76 – 49, 56 – 37, 68 – 39.

Schöne Päckchen. Beschreibe und begründe.

6

a)	b)	c)
25 – 6	54 – 9	50 – 10
30 – 6	48 – 9	50 – 12
35 – 6	42 – 9	50 – 14
40 – 6	36 – 9	50 – 16
45 – 6	30 – 9	50 – 18

6a) Die erste Zahl wird immer um 5 größer, die zweite Zahl bleibt gleich. Also erhöht sich das Ergebnis immer um 5.

7

a)	b)	c)
67 – 48	49 – 14	70 – 20
68 – 49	51 – 16	63 – 18
69 – 50	53 – 18	56 – 16
70 – 51	55 – 20	49 – 14
71 – 52	57 – 22	42 – 12

7a) Die erste Zahl wird immer um 1 größer, die zweite Zahl, die abgezogen wird, auch. Also muss das Ergebnis der Minusaufgabe gleich bleiben.

8 Die Kinder haben Minusaufgaben gerechnet. Das Ergebnis ist 37.

a) Paul erhöht beide Zahlen um 15. Wie lautet das neue Ergebnis?

b) Paula erhöht nur die erste Zahl um 15. Wie lautet das neue Ergebnis?

c) Finde viele Minusaufgaben mit dem Ergebnis 37.

9 Hüpf im Päckchen! Rechne immer mit dem Ergebnis weiter.

a)	b)	c)	d)
72 – 64 = 8	54 – 48	91 – 80	37 – 28
39 – 28 = ...	9 – 9	81 – 77	53 – 7
8 + 40 = 48	66 – 49	47 – 44	39 – 36
11 + 11 = ...	6 + 60	11 + 70	9 + 30
48 – 9 = ...	17 – 8	4 + 43	3 + 50
Ziel 22	Ziel 0	Ziel 3	Ziel 46

■ **5** Strategie „Hilfsaufgabe“ besprechen und Aufgaben dazu rechnen. **6–8** Zusammenhänge zwischen den Aufgaben erkennen, beschreiben und begründen. → Arbeitsheft, Seite 28, 29

Minusaufgaben auch durch Ergänzen lösen

1 **Wie rechnet ihr 74 – 58?**

Wie rechnen die Kinder? Vergleicht mit euren Rechenwegen.

2 Löse durch Ergänzen.

a)	b)	c)	d)	e)
63 – 56	92 – 83	100 – 81	55 – 45	90 – 81
56 – 49	83 – 75	81 – 64	45 – 36	81 – 72
49 – 42	75 – 68	64 – 49	36 – 28	72 – 63
42 – 35	68 – 62	49 – 36	28 – 21	63 – 54
35 – 28	62 – 57	36 – 25	21 – 15	54 – 45

3 Schöne Päckchen. Setze fort.

a) 99 + ... = 100
88 + ... = 100
77 + ... = 100
66 + ... = 100
55 + ... = 100

b) 31 + ... = 60
32 + ... = 59
33 + ... = 58
34 + ... = 57
35 + ... = 56

4 < oder = oder >?

a)	b)	c)	d)
100 – 51 ○ 50	75 – 49 ○ 25	100 – 25 ○ 75	100 – 1 ○ 100
100 – 49 ○ 50	75 – 50 ○ 25	100 – 27 ○ 75	100 – 0 ○ 100
100 – 50 ○ 50	75 – 52 ○ 25	100 – 23 ○ 75	101 – 10 ○ 100

5

Zahlenmauer 1:

50			
28			
20			
15			

Zahlenmauer 2:

100			
	44		
	16		
		6	

Zahlenmauer 3:

100			
64			
40			
			10

1 Ergänzen als sinnvolle Strategie bei kleinem Unterschied der Zahlen aufzeigen (Mathekonferenz). Lilli rechnet eine pfiffige Hilfsaufgabe. **4** Ggf. Hinweis geben, dass Aufgaben nicht immer gerechnet werden müssen. → Arbeitsheft, Seite 30

Forschen und Finden – Beschreiben und Begründen

1 Schöne Päckchen. Setze fort.

a)	b)	c)	d)	e)
50 – 20	17 – 14	55 – 25	98 + ... = 100	35 + ... = 90
51 – 21	37 – 14	56 – 24	87 + ... = 100	46 + ... = 90
52 – 22	57 – 14	57 – 23	76 + ... = 100	57 + ... = 90
53 – 23	77 – 14	58 – 22	65 + ... = 100	68 + ... = 90

2 Schöne Päckchen?

a)	b)	c)	d)	e)
70 – 30	46 – 31	46 – 35	30 + ... = 60	19 + ... = 91
73 – 33	57 – 42	47 – 36	32 + ... = 59	28 + ... = 82
83 – 43	68 – 53	48 – 33	33 + ... = 58	37 + ... = 73
84 – 42	89 – 64	49 – 32	34 + ... = 57	46 + ... = 64
94 – 54	90 – 75	50 – 31	35 + ... = 56	55 + ... = 65

3 Ein Rechenprogramm.

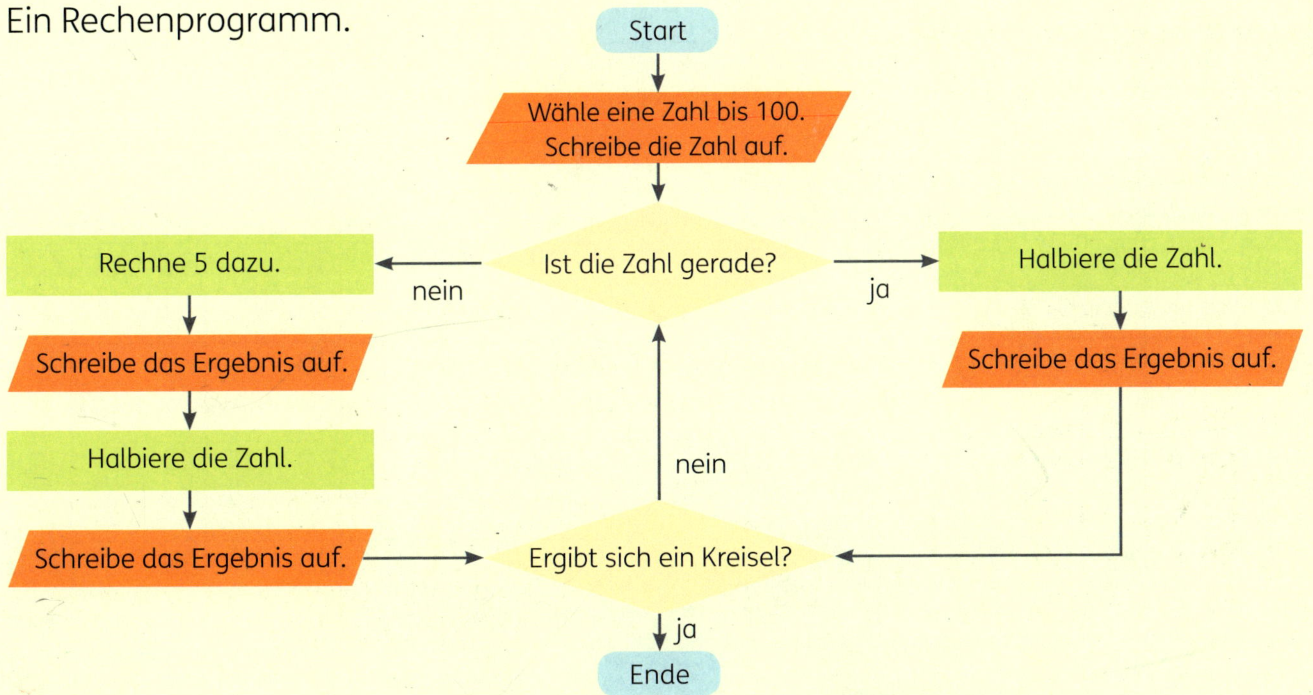

Erkläre:

Startzahl 25

25 – 30 – 15 – 20 – 10 – 5

Startzahl 23

23 – 28 – 14 – 7 – 12 – 6 – 3 – 8 – 4 – 2 – 1

a) Rechne mit weiteren Startzahlen.

b) Welche Startzahlen enden im Kreisel 6, 3, 8, 4, 2, 1? Kreuze sie in der Hundertertafel rot an.

c) Welche Startzahlen enden im Kreisel 10, 5? Kreuze sie blau an.

■ **1, 2** Muster entdecken, ggf. Störung reparieren, mit Zahlbeziehungen begründen. **3** Mit verschiedenen Startzahlen gemäß Rechenprogramm rechnen. Besprechen, dass sich die Rechnungen am Schluss „im Kreis drehen" (daher „Kreisel"). b), c) gemeinsam lösen und besprechen. Evtl. in breiter Hundertertafel (KV) die Zahlen rot markieren, die zum Kreisel b), und jene blau, die zum Kreisel c) führen.

Forschen und Finden – Beschreiben und Begründen

1 Wähle in der Hundertertafel eine Zahl von 1 bis 99.
Suche die Umkehrzahl mit den gleichen Ziffern.
Ziehe die kleinere von der größeren Zahl ab und trage die Aufgabe in das Feld der größeren Zahl ein.

1	2	3	4	5	6	7	8	9	10
11	12	13	14	15	16	17	18	19	20
21	22	23	24	25	26	27	28	29	30
31	32 32 – 23 = 9	33	34	35	36	37	38	39	40
41	42	43	44	45	46	47	48	49	50
51	52	53	54 54 – 45 = 9	55	56	57	58	59	60
61	62	63	64	65	66	67	68	69	70 70 – 7 = 63
71	72	73 73 – 37 = 36	74	75	76	77	78	79	80
81	82	83	84	85	86	87	88	89	90
91	92	93	94	95	96	97	98	99	100

a) Rechne weitere Aufgaben.
Welche Ergebnisse sind möglich?

b) Wie verändern sich die Ergebnisse in der ersten Spalte? Begründet das Muster.

c) Überlegt ebenso bei den anderen Spalten.

d) Wie verändern sich die Ergebnisse in der letzten Zeile? Begründet das Muster.

e) Überlegt ebenso bei den anderen Zeilen.

1b)	11 – 11 = 0
	21 – 12 = 9
	31 – 13 =

1d)	91 – 19 = 72
	92 – 29 = 63
	93 – 39 =

An Beispielen Begriff „Umkehrzahl" klären (z. B. 63, 36). Zu vorgegebener Regel weitere Ergebnisse berechnen und gemäß Vorgabe in die breite Hundertertafel (KV) eintragen. Zum Abschluss a) – e) gemeinsam besprechen (Gruppenarbeit). Kenntnisse über „Schöne Päckchen" bei Minusaufgaben nutzen.

Start				Ziel
	+ 8		+ 2	
5	⟶	13	⟶	15
4		12		14
3				
2				

Warum ist die Zielzahl immer um 10 größer als die Startzahl? Begründe.

Begründung:
Erst 8 dazu, dann 2 dazu ergibt 10 dazu.

1 a)

Start				Ziel
	− 8		− 2	
15	⟶	7	⟶	5
18		10		8

Starte die Rechenkette auch mit 22, 34 und 40.

b)

Start				Ziel
	− 6		− 4	
15	⟶	9	⟶	5
20		14		10

Starte die Rechenkette auch mit 25, 30 und 35.

c) Vergleiche Start- und Zielzahl. Was fällt dir auf? Begründe.

2 a)

Start				Ziel
	+ 14		+ 6	
25	⟶	39	⟶	45

Starte auch mit 37, 48 und 52.

b)

Start				Ziel
	− 14		− 6	
25	⟶	11	⟶	5

Starte auch mit 37, 48 und 52.

c) Vergleiche Start- und Zielzahl. Was fällt dir auf? Begründe.

3 a)

Start						Ziel
	+ 8		+ 5		− 3	
52	⟶	60	⟶	65	⟶	62

Starte die Rechenkette auch mit 66, 79, 80 und 90.

b)

Start						Ziel
	+ 11		− 6		− 5	
18	⟶	29	⟶	23	⟶	18

Starte die Rechenkette auch mit 32, 56, 74 und 91.

c) Vergleiche Start- und Zielzahl. Was fällt dir auf? Begründe.

■ Übungsformat „Rechenketten" einführen (Startzahl, Zielzahl, Rechenpfeile besprechen). Übertragung ins Heft besprechen. **1–3** Rechenketten rechnen, Start- und Zielzahl vergleichen, Muster durch Zusammenfassung der Rechnungen zu einer Rechnung begründen. → Arbeitsheft, Seite 31

1 Finde Plus- und Minusaufgaben.

a)

b)

c)

2 Rechne immer vier Aufgaben.

a) 35, 12, 23

2a)
12 + 23 = 35
23 + 12 = 35
35 − 12 = 23
35 − 23 = 12

b) 8, 12, 20 c) 96, 32, 64
d) 23, 14, 37 e) 29, 13, 42
f) 61, 17, 78 g) 46, 35, 81
h) 63, 84, 21 i) 85, 92, 7

3 Rechne und kontrolliere mit der Umkehraufgabe.

a) 37 − 18

3a)
37 − 18 = 19
19 + 18 = 37

b) 83 − 14 c) 61 − 23 d) 78 − 9
e) 65 − 27 f) 96 − 38 g) 42 − 15

4 Rechne am Rechenstrich. Was fällt auf? Begründe.

a) 65 + 11
65 − 9

4a)

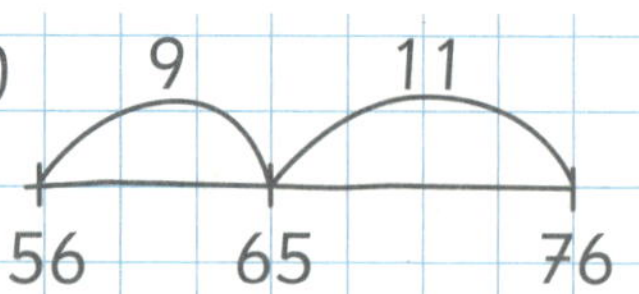

b) 66 + 11
66 − 9

c) 67 + 11
67 − 9

d) 69 + 11
69 − 9

e) Was fällt dir auf? Begründe. Ein Ergebnis ist um 20 größer als das andere, denn 9 + 11 = 20

5 Rechne und begründe ebenso.

a) 65 + 12
65 − 8

b) 66 + 12
66 − 8

c) 67 + 12
67 − 8

d) Rechne + 12 und − 8 mit eigenen Zahlen.

1 Zu Sachsituationen Plus- und Minusaufgaben finden. **2, 3** Aufgaben rechnen und Beziehungen herstellen. **4, 5** Rechenstrich zur Begründung des Unterschiedes bei den Ergebnissen nutzen. → Arbeitsheft, Seite 32
→ Verstehen und Trainieren 2, Seiten 20, 21

1

a) Trage in die Tabelle ein.

	vor 8 Jahren	vor 2 Jahren	heute	in 10 Jahren
Leonie			8 Jahre	
Mama			31 Jahre	
Oma			63 Jahre	

b) Wie viele Jahre ist Mama älter als Leonie?

c) Wie alt ist Leonie in 10 Jahren?

d) Wie alt ist die Mama von Leonie in 10 Jahren?
Wie viele Jahre ist sie dann älter als Leonie?

e) Wie alt ist Leonie, wenn Mama ihren 50. Geburtstag feiert?

f) In einigen Jahren sind Mama und Oma zusammen 100 Jahre alt.
Wie alt ist dann Mama?
Wie alt ist dann Oma?

2 Schreibe eine Tabelle für deine Familie.

3 Jana ist doppelt so alt wie Ayse. Zusammen sind sie 18 Jahre alt.
Wie alt sind Jana und Ayse?

4 Mutter und Sohn sind zusammen 40 Jahre alt. Bei der Geburt war die Mutter 26 Jahre alt. Wie alt ist der Sohn?

Was sagst du zu folgenden Aufgaben?

5 In der Klasse 2 b sind 11 Jungen und 14 Mädchen. Wie alt ist die Lehrerin?

6 Ein 52 Jahre alter Hirte hat 63 Schafe und 37 Ziegen. Wie alt ist der Hirte?

■ **1** Tabelle ins Heft übertragen und das jeweilige Alter eintragen. Daten interpretieren. Sachaufgaben lösen. Konstanz der Altersunterschiede herausfinden.

21 Kinder erkunden Pflanzen und Tiere.
Lege für die Kinder Plättchen und schiebe.

1 a) 8 Kinder untersuchen den Wald. 7 Kinder sind am Teich.
Wie viele Kinder sind auf der Wiese?

b) 3 Kinder wechseln von der Wiese zum Wald. ?

2 Auf der Wiese, im Wald und am Teich sind **gleich viele** Kinder. ?

3 6 Kinder sind am Teich.
Im Wald sind **doppelt so viele** Kinder wie auf der Wiese. ?

4 4 Kinder untersuchen den Teich.
Auf der Wiese sind 5 Kinder **weniger als** im Wald. ?

5 Erfinde selbst Aufgaben.

■ Für Kinder können stellvertretend Plättchen gelegt und den Aufgaben entsprechend verschoben werden. Verschiedene Möglichkeiten überlegen und die Lösungen besprechen (Mathekonferenz). → Arbeitsheft, Seite 33

1 Emma geht an zwei Tagen angeln.
Am zweiten Tag fängt sie **doppelt so viele** Fische wie am ersten Tag.
Zusammen sind es 36 Fische.

Wie viele Fische waren es am ersten Tag?
Wie viele Fische waren es am zweiten Tag?

2 Wie viel kostet der Eintritt?

a)  b)  c)  d) 

e) Eine Gruppe zahlt 18 Euro.
Wie viele Erwachsene, wie viele Kinder können es sein?
Finde verschiedene Möglichkeiten.

3 Tom bekommt von seinem Großvater einen Korb voller Äpfel.
Er isst zwei Äpfel und gibt dann seinem Freund **die Hälfte** ab.
Es bleiben 6 Äpfel übrig.
Wie viele Äpfel hat ihm der Großvater gegeben?

4 Anna und Lena sind zusammen 12 Jahre alt.
Anna ist **doppelt so alt** wie Lena.
Wie alt sind die beiden?

1–4 Situationen durch Material (Plättchen, Geld), Skizzen oder Tabellen darstellen. Aufgaben probierend lösen und besprechen (Mathekonferenz). → Arbeitsheft, Seite 33

1 Sofie hat:

Sie kauft:

Wie viel Euro hat Sofie noch?

1) Sofie hat 30 Euro.
Sie bezahlt 15 Euro.
Sie hat noch

2 Moritz hat:

Er kauft:

Wie viel Euro hat Moritz noch?

3 Frau Fink hat 100 Euro. Sie kauft:  ?

4 Herr Weidner kauft die Jacke für 53 Euro. Er gibt 70 Euro. ?

5 Alina hat 60 Euro. Sie möchte den Schlitten und den Ball kaufen. ?

6 Suche selbst Aufgaben. Schreibe sie ins Heft.

■ Preise im Bild (Seiten 62/63) ablesen. **1–6** Aufgaben mit Rechengeld lösen. → Arbeitsheft, Seite 34

7 Ina hat eingekauft.
Erzähle.

Sporthaus Weber
Seit 30 Jahren

	EUR
Fahrradhelm	32,00
Rucksack	15,00
Summe	47,00
gegeben Euro	50,00
zurück Euro	3,00

Datum: 08.01.2014

8 a)

Inliner	68 Euro
gegeben	70 Euro
zurück	

b)

Schläger	
gegeben	20 Euro
zurück	

c)

Fahrradhelm	
gegeben	50 Euro
zurück	

d)

Schlitten	
gegeben	30 Euro
zurück	

Blitzrechnen: Zerlegen

Zehnerzahl wählen und zerlegen.

Plusaufgabe nennen.

■ Preise im Bild (Seiten 62/63) ablesen. **7, 8** Aufgaben mit Rechengeld lösen. Kassenbon besprechen, dabei Kommaschreibweise (Euro, Cent) grob erklären. → Arbeitsheft, Seite 34 ⚡ Zur Grundlegung und zum weiteren regelmäßigen Üben Seite 135 oder aufgeklappte Umschlagseite im Arbeitsheft benutzen.
→ Verstehen und Trainieren 2, Seiten 22, 23

Kugeln in der Umwelt

1 Finde Kugeln in der Umwelt.

2 Welche Eigenschaften hat die Kugel, welche der Würfel? Vergleicht.

3 Stellt selbst Kugeln her und baut eine Pyramide. Wie viele Kugeln braucht ihr?

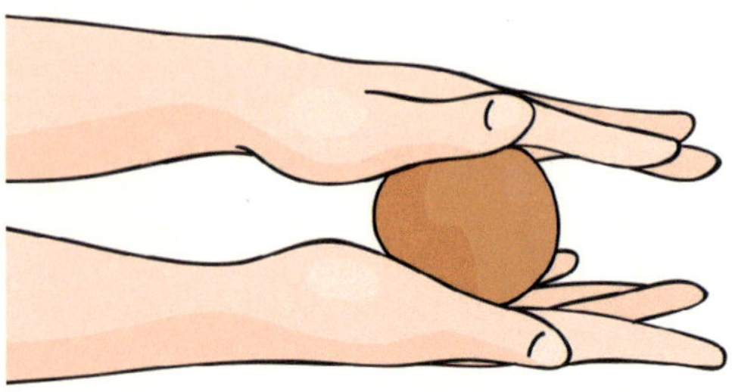

1 Kugeln in der Umwelt erkennen und besprechen. **3** Kugeln aus knetbarer Masse selber formen und in Gruppenarbeit Pyramiden bauen.

1 Suche im Bild die gerechneten Malaufgaben.

2 Suche im Bild die Malaufgaben 2 mal 7, 4 mal 4 und weitere Malaufgaben.

3 Wie viele Herzen hat der Vorhang? Überlege.

4 Suche zu Hause selbst Malaufgaben.

1 Sachsituation beschreiben und dazu Malaufgaben finden. **3, 4** Aufgaben evtl. malen und rechnen.

Malaufgaben in der Umwelt

1 Schreibe die Aufgaben immer auf drei Arten auf.

a)

1a) 4 + 4 + 4

3 mal 4

$3 \cdot 4$

b)

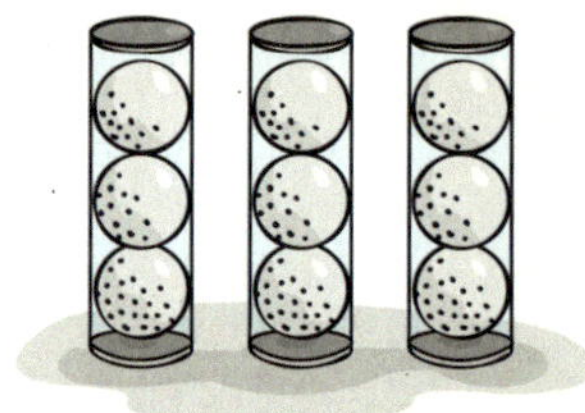

c)

d)

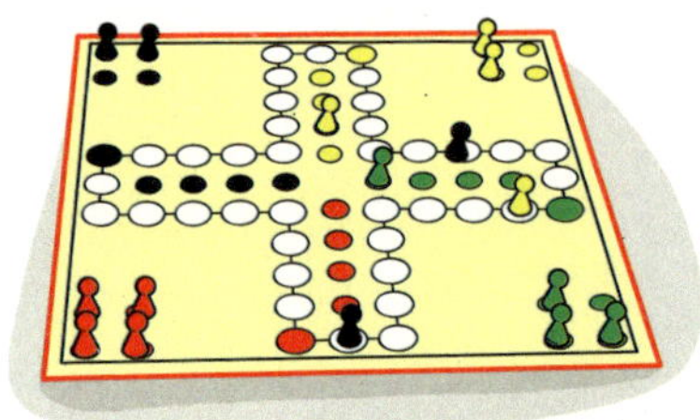

e)

2 Lege die Malaufgaben von **1** mit Plättchen nach. Male in dein Heft.

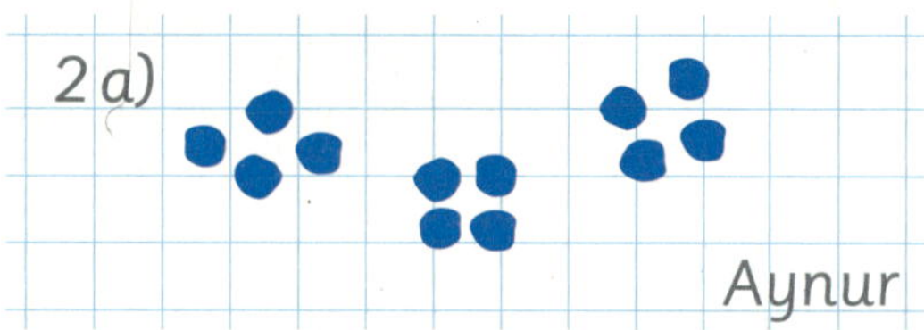

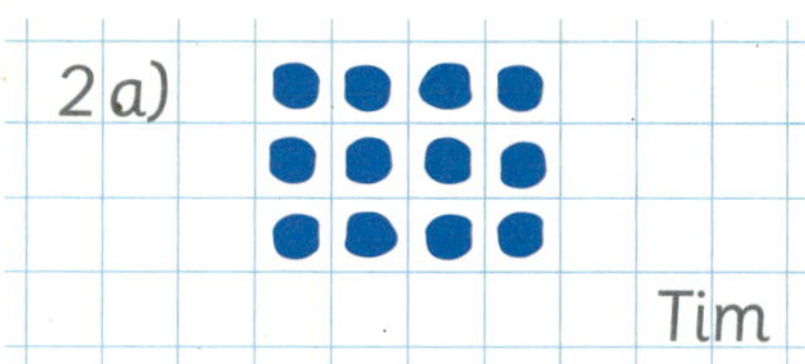

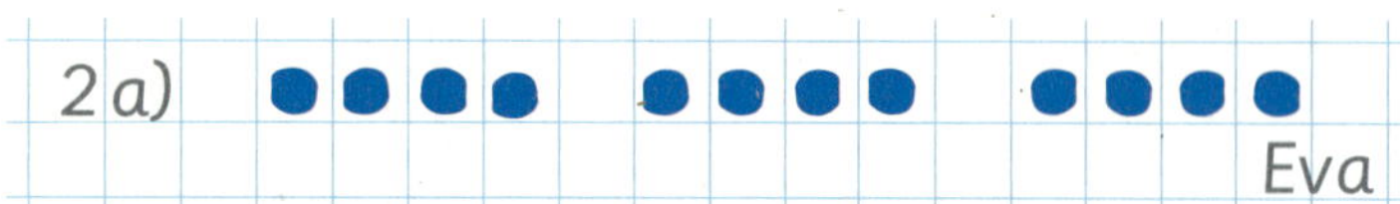

3 Suche selbst Malaufgaben in der Umwelt.

1 Zu den verschiedenen Situationen Malaufgaben suchen und aufschreiben. Kurzschreibweise mit Punkt für Malaufgaben einführen und besprechen. **2** Malaufgaben mit Plättchen legen und aufmalen. **3** Weitere Malaufgaben in der Umwelt suchen. → Arbeitsheft, Seite 35

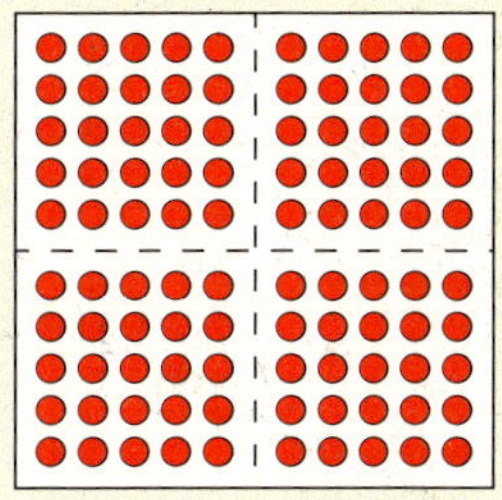

Am Hunderterfeld lassen sich alle 100 Malaufgaben von $1 \cdot 1$ bis $10 \cdot 10$ legen.

1 Lege am Hunderterfeld mit dem Winkel nach. Schreibe als Plus- und als Malaufgabe.

a)
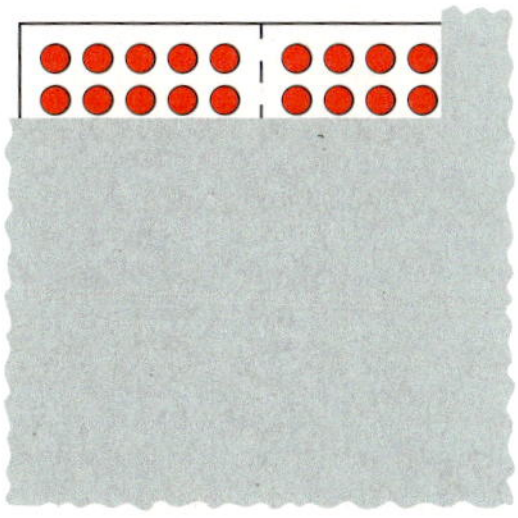

b)
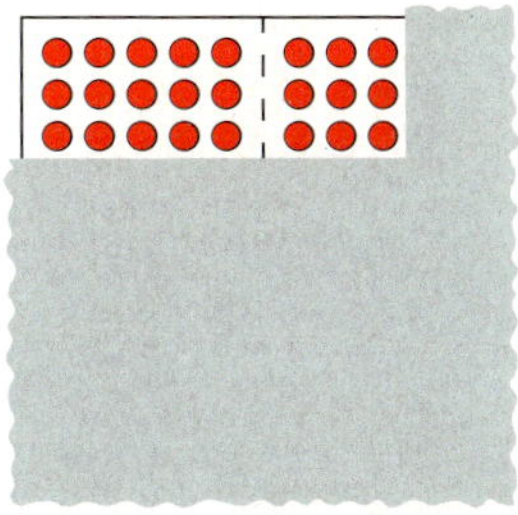

1 a) $9 + 9$ b) $8 + 8 + 8$

$2 \cdot 9$ $3 \cdot 8$

c)
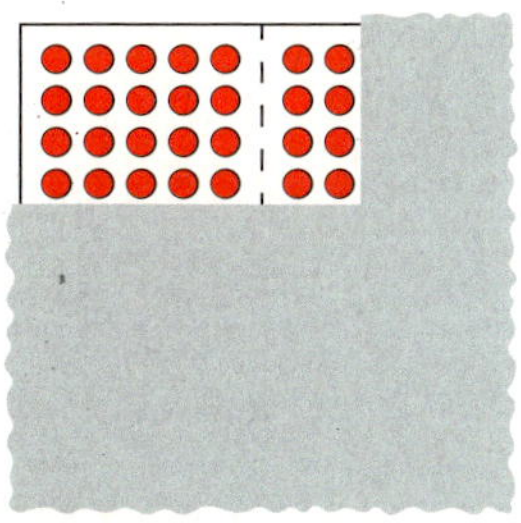

d)
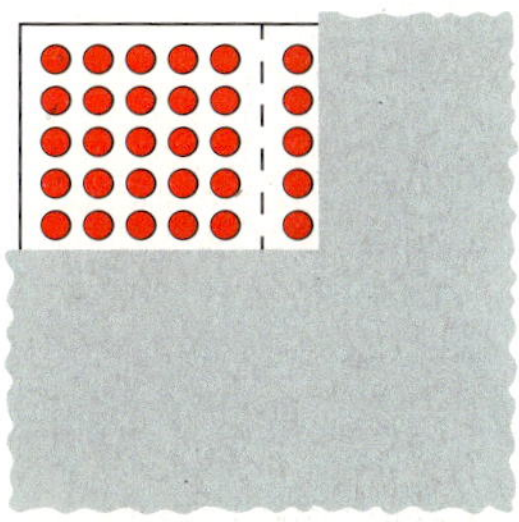

e)
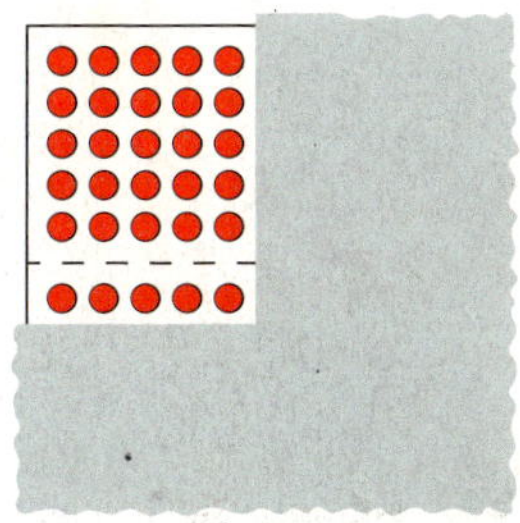

f)
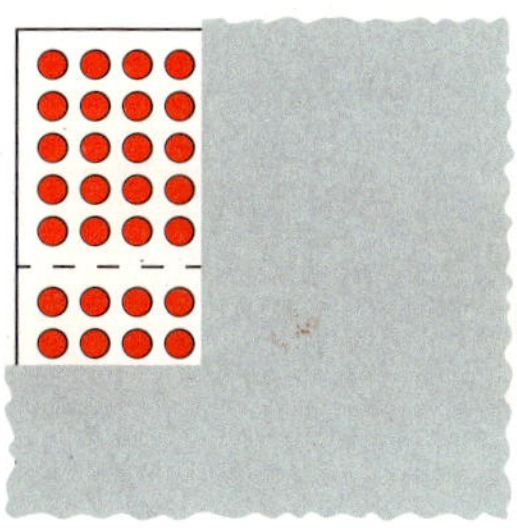

g)
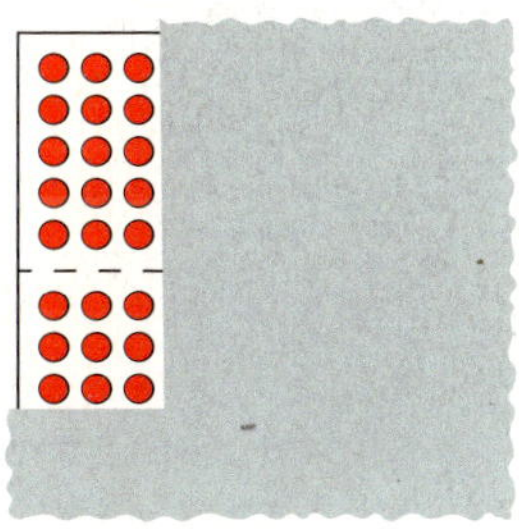

h)
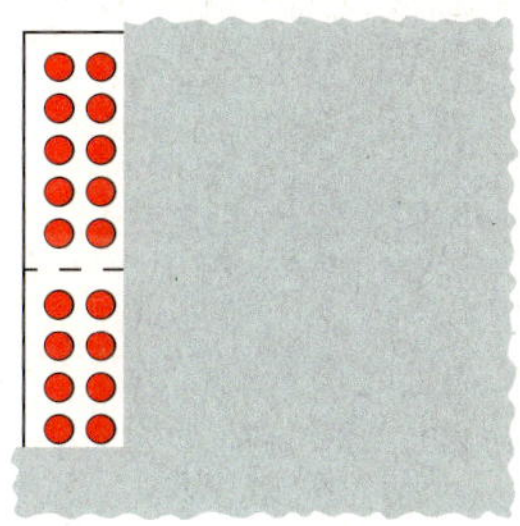

2 Zeige mit dem Malwinkel am Hunderterfeld.

a) $5 \cdot 3$ b) $6 \cdot 7$ c) $4 \cdot 10$ d) $4 \cdot 4$ e) $7 \cdot 8$

$3 \cdot 5$ $7 \cdot 6$ $10 \cdot 4$ $9 \cdot 9$ $8 \cdot 7$

3 Zeige der Reihe nach mit dem Malwinkel: $3 \cdot 5$, $4 \cdot 5$, $4 \cdot 6$, $5 \cdot 7$, $5 \cdot 8$ und $6 \cdot 10$.

■ **1, 2** Malaufgaben mithilfe des Malwinkels am Hunderterfeld legen. Neben horizontaler Lage auch vertikale Lage der gleichen Summanden zulassen. **3** Malwinkel am Hunderterfeld verschieben. → Verstehen und Trainieren 2, Seiten 24, 25

Rechenwege bei Malaufgaben

1 Wie rechnet ihr 8 · 7 oder 7 · 8?

Marie rechnet:
35 + 21

Luisa rechnet:
40 + 16

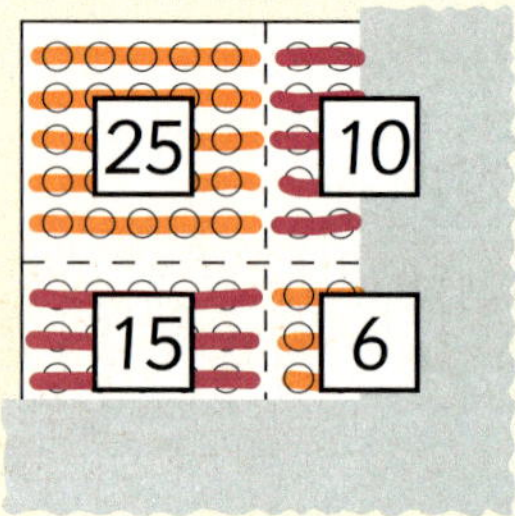

Lukas rechnet:
25 + 10 + 15 + 6

Ahmet rechnet:
25 + 15 + 10 + 6

Wie rechnen die Kinder? Welche einfachen Aufgaben benutzen sie?
Vergleicht mit euren Rechenwegen.

2 Wie rechnest du? Vergleiche die Aufgaben und die Felder.

a) 4 · 7

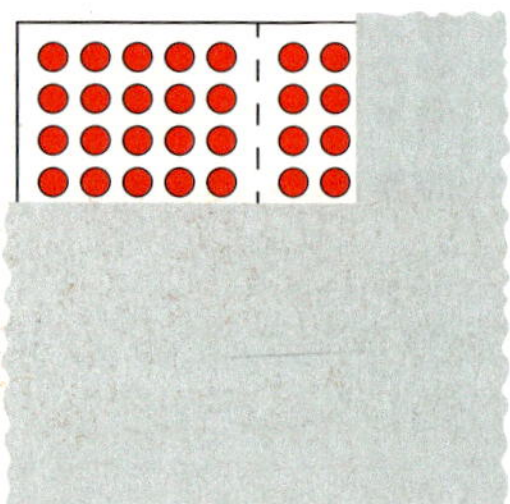

7 · 4

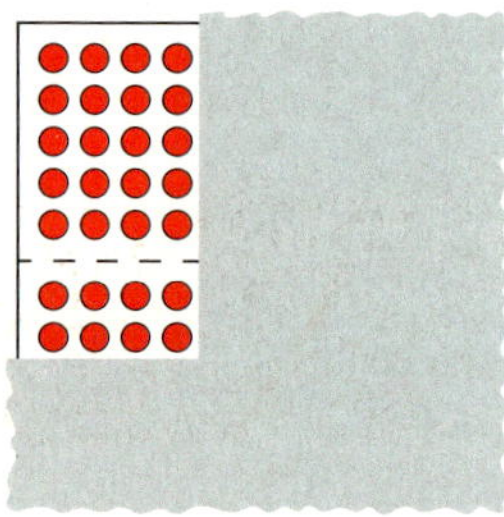

b) 9 · 6

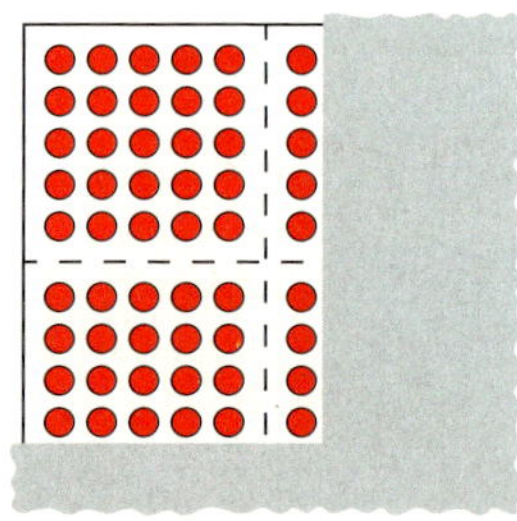

6 · 9

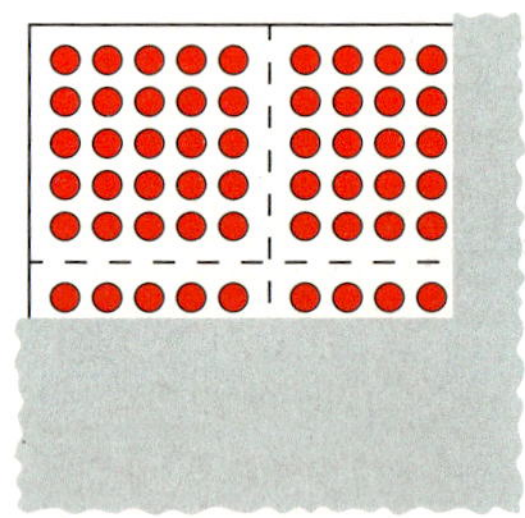

3 Zeige mit dem Malwinkel und rechne.

5 · 9   8 · 6   9 · 2   10 · 4
9 · 5   6 · 8   2 · 9   4 · 10

! Tauschaufgaben haben immer das gleiche Ergebnis.

4 Warum haben Tauschaufgaben immer das gleiche Ergebnis? Erkläre.

5 Rechne immer die Aufgabe oder die Tauschaufgabe.

3 · 6   8 · 4   7 · 6   5 · 8   9 · 4   8 · 3   6 · 4   7 · 9

6 Lege selbst Aufgaben mit dem Malwinkel und berechne das Ergebnis.

■ **1** Malaufgaben durch Unterteilung des Punktfeldes auf einfachere zurückführen. Aufgabe und Tauschaufgabe mit dem Malwinkel legen. Unterschiedliche Rechenwege besprechen (Mathekonferenz). **2–4** Punktfelder und Tauschaufgabe durch Drehen aufeinander beziehen und damit als anzahlgleich erkennen. **3–6** Evtl. KV benutzen.
→ Arbeitsheft, Seite 36

1

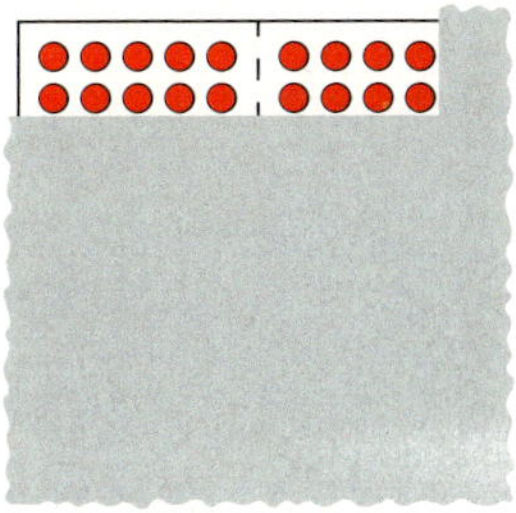

$2 \cdot 9 = 18$

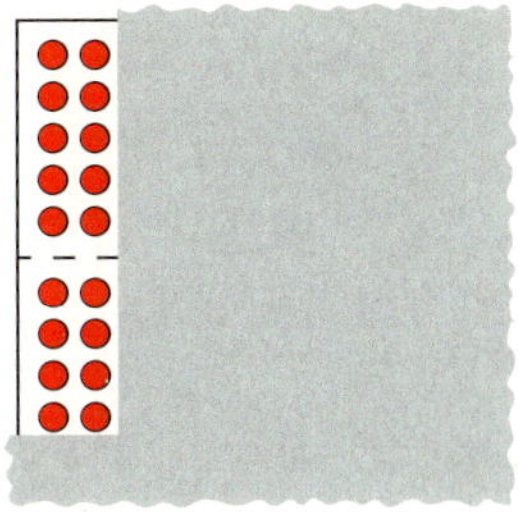

$9 \cdot 2 = 18$

! **2 mal und mal 2 sind Verdopplungsaufgaben.**

Zeige und rechne ebenso.

a) $2 \cdot 5$ $5 \cdot 2$ $2 \cdot 6$ $6 \cdot 2$ $2 \cdot 4$ $4 \cdot 2$

b) $10 \cdot 2$ $2 \cdot 10$ $7 \cdot 2$ $2 \cdot 7$ $8 \cdot 2$ $2 \cdot 8$

2

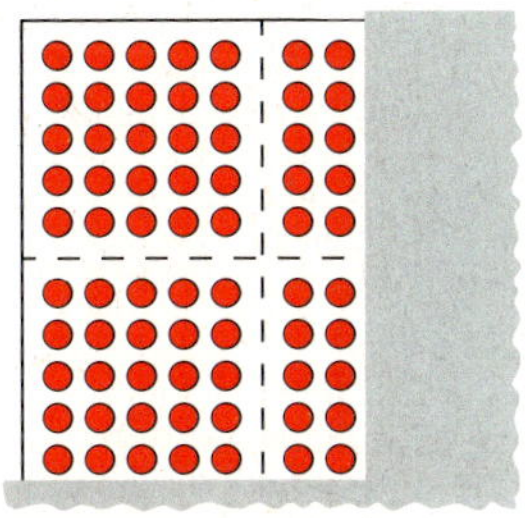

$10 \cdot 7 = 70$

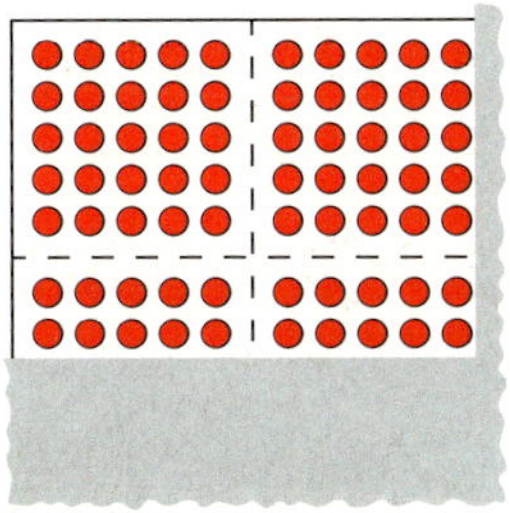

$7 \cdot 10 = 70$

! **Bei 10 mal und mal 10 werden aus Einern Zehner.**

Zeige und rechne ebenso.

a) $10 \cdot 4$ $4 \cdot 10$ $10 \cdot 6$ $6 \cdot 10$ $10 \cdot 9$ $9 \cdot 10$

b) $2 \cdot 10$ $10 \cdot 2$ $5 \cdot 10$ $10 \cdot 5$ $8 \cdot 10$ $10 \cdot 8$

3

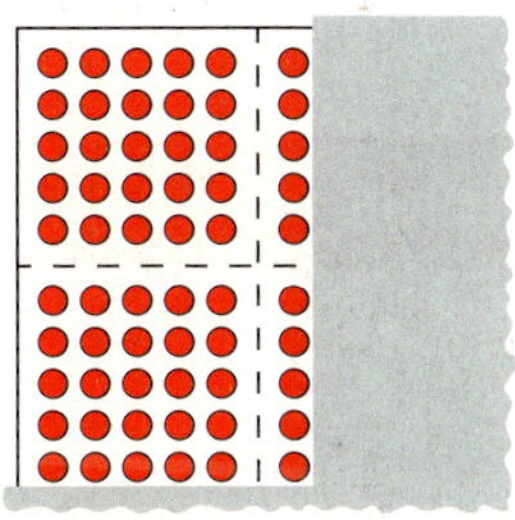

$10 \cdot 6 = 60$

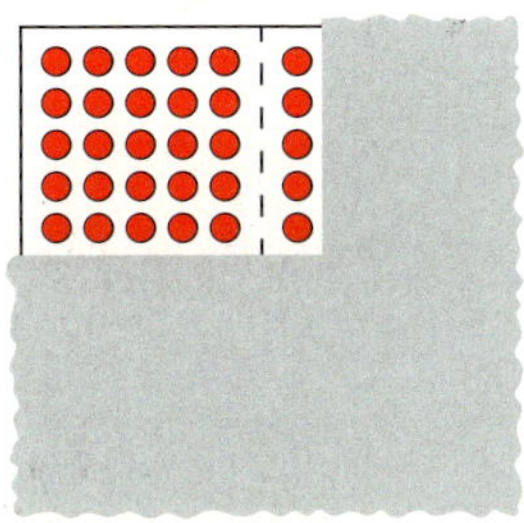

$5 \cdot 6 = 30$

! **5 mal ist die Hälfte von 10 mal, mal 5 ist die Hälfte von mal 10.**

Zeige und rechne ebenso.

a) $10 \cdot 8$ $5 \cdot 8$ $10 \cdot 4$ $5 \cdot 4$ $10 \cdot 7$ $5 \cdot 7$

b) $6 \cdot 10$ $6 \cdot 5$ $5 \cdot 10$ $5 \cdot 5$ $9 \cdot 10$ $9 \cdot 5$

4 Berechne die Kernaufgaben.

$1 \cdot 2$	$1 \cdot 3$	$1 \cdot 4$	$1 \cdot 5$	$1 \cdot 6$	$1 \cdot 7$	$1 \cdot 8$	$1 \cdot 9$
$2 \cdot 2$	$2 \cdot 3$	$2 \cdot 4$	$2 \cdot 5$	$2 \cdot 6$	$2 \cdot 7$	$2 \cdot 8$	$2 \cdot 9$
$5 \cdot 2$	$5 \cdot 3$	$5 \cdot 4$	$5 \cdot 5$	$5 \cdot 6$	$5 \cdot 7$	$5 \cdot 8$	$5 \cdot 9$
$10 \cdot 2$	$10 \cdot 3$	$10 \cdot 4$	$10 \cdot 5$	$10 \cdot 6$	$10 \cdot 7$	$10 \cdot 8$	$10 \cdot 9$

■ **1** Malaufgaben mit Faktor 2 zeigen und rechnen. **2, 3** Malaufgaben mit Faktoren 10 und 5 zeigen und rechnen.
→ Arbeitsheft, Seite 36 → Verstehen und Trainieren 2, Seite 26

Von einfachen zu schwierigen Malaufgaben

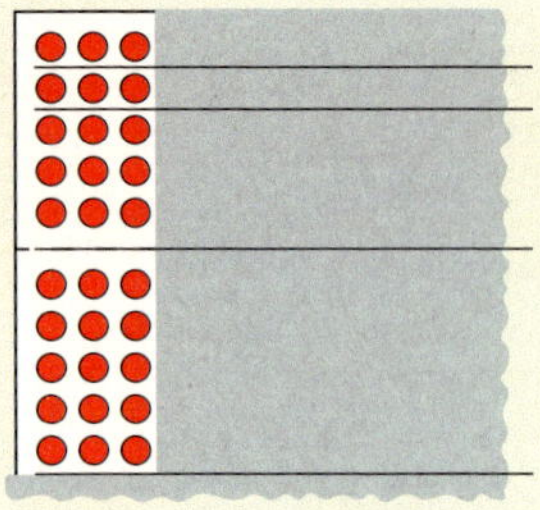

1 · 3 = 3
2 · 3 = 6
5 · 3 = 15
10 · 3 = 30

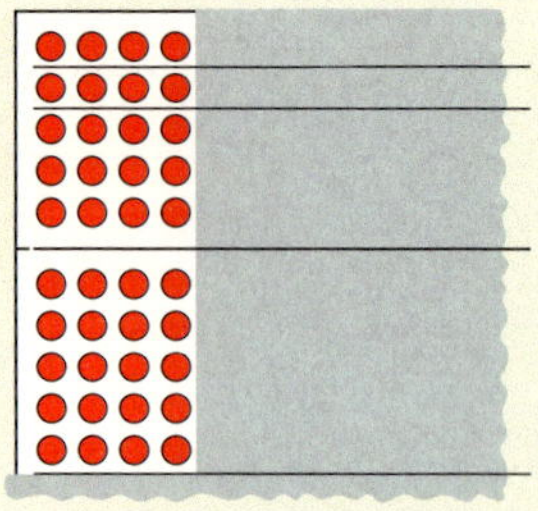

1 · 4 = 4
2 · 4 = 8
5 · 4 = 20
10 · 4 = 40

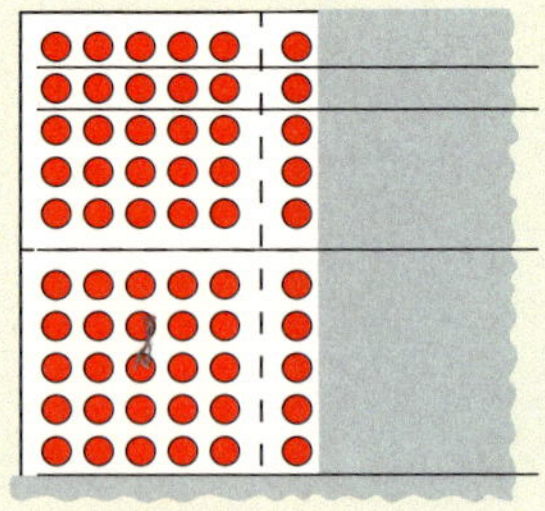

1 · 6 = 6
2 · 6 = 12
5 · 6 = 30
10 · 6 = 60

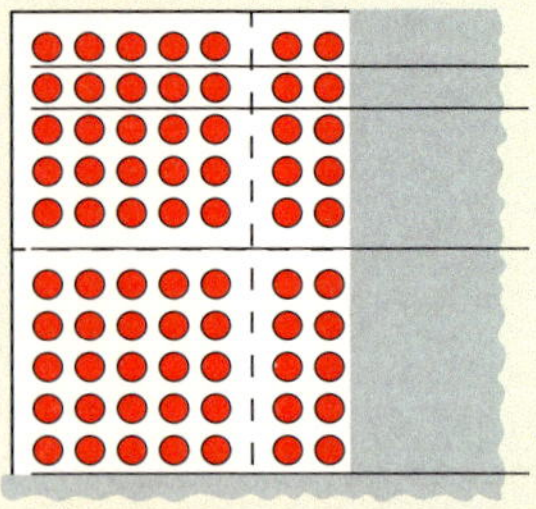

1 · 7 = 7
2 · 7 = 14
5 · 7 = 35
10 · 7 = 70

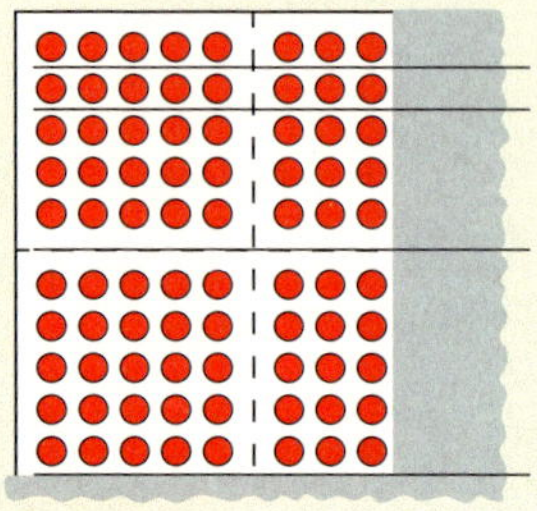

1 · 8 = 8
2 · 8 = 16
5 · 8 = 40
10 · 8 = 80

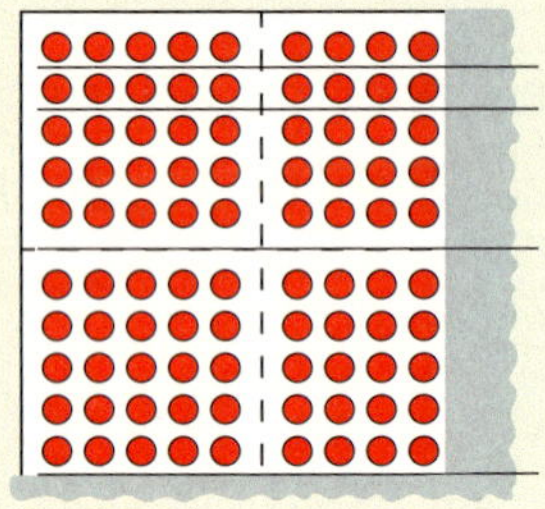

1 · 9 = 9
2 · 9 = 18
5 · 9 = 45
10 · 9 = 90

Leite die Ergebnisse aus den Kernaufgaben ab. Erkläre die Rechenwege.

1
3 · 3 = 6 + 3 | 3 · 7 = 14 + 7
3 · 4 | 3 · 8
3 · 6 | 3 · 9

! 3 mal ist 2 mal plus 1 mal.

2
4 · 3 = 6 + 6 | 4 · 7 = 35 – 7
4 · 4 | 4 · 8
4 · 6 | 4 · 9

! 4 mal ist 2 mal plus 2 mal.
4 mal ist 5 mal minus 1 mal.

3
6 · 3 = 15 + 3 | 6 · 7 = 35 + 7
6 · 4 | 6 · 8
6 · 6 | 6 · 9

! 6 mal ist 5 mal plus 1 mal.

4
7 · 3 = 15 + 6 | 7 · 7 = 35 + 14
7 · 4 | 7 · 8
7 · 6 | 7 · 9

! 7 mal ist 5 mal plus 2 mal.

5
8 · 3 = 30 – 6 | 8 · 7 = 70 – 14
8 · 4 | 8 · 8
8 · 6 | 8 · 9

! 8 mal ist 10 mal minus 2 mal.

6
9 · 3 = 30 – 3 | 9 · 7 = 70 – 7
9 · 4 | 9 · 8
9 · 6 | 9 · 9

! 9 mal ist 10 mal minus 1 mal.

■ **1–6** Mithilfe der Kernaufgaben (1-mal, 2-mal, 5-mal, 10-mal) die übrigen Malaufgaben berechnen. Beispiel Viererreihe: 6 · 4 = 5 · 4 + 1 · 4, also 6 · 4 = 20 + 4 = 24. Oder: 6 Vierer = 5 Vierer + 1 Vierer. Merksätze an Punktfeldern begründen. → Arbeitsheft, Seite 37 → Verstehen und Trainieren 2, Seite 27

7 Nutze die Kernaufgaben. Überprüfe mit der Tauschaufgabe.

a) $7 \cdot 8$
$8 \cdot 7$

7a)	7	·	8	=	4	0	+	1	6	=	5	6
	8	·	7	=	7	0	−	1	4	=	5	6

b)	$8 \cdot 3$ $3 \cdot 8$	$7 \cdot 3$ $3 \cdot 7$	$4 \cdot 3$ $3 \cdot 4$	$6 \cdot 9$ $9 \cdot 6$	$6 \cdot 4$ $4 \cdot 6$
c)	$7 \cdot 6$ $6 \cdot 7$	$8 \cdot 6$ $6 \cdot 8$	$9 \cdot 7$ $7 \cdot 9$	$9 \cdot 8$ $8 \cdot 9$	$8 \cdot 4$ $4 \cdot 8$
d)	$4 \cdot 7$ $7 \cdot 4$	$9 \cdot 3$ $3 \cdot 9$	$6 \cdot 7$ $7 \cdot 6$	$9 \cdot 4$ $4 \cdot 9$	$6 \cdot 3$ $3 \cdot 6$

8

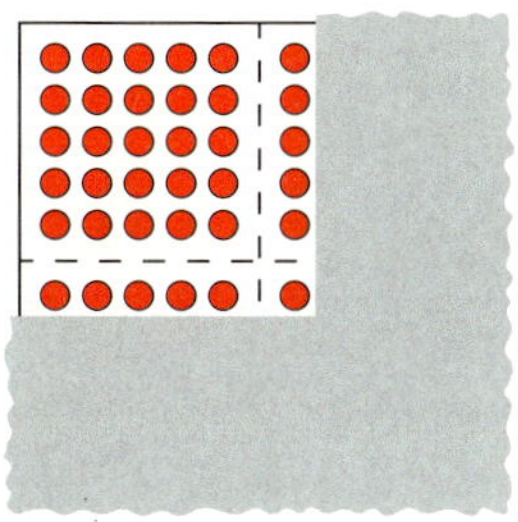

$6 \cdot 6$

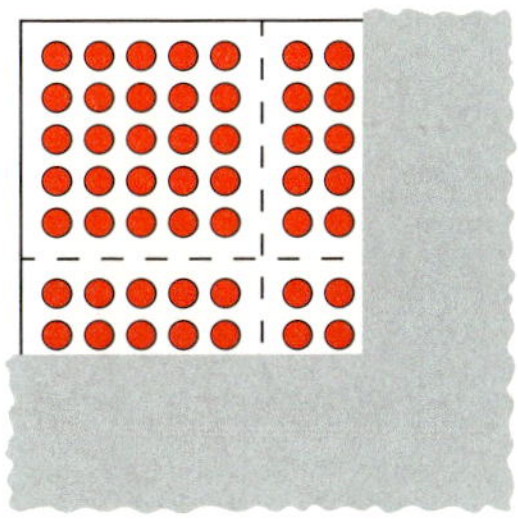

$7 \cdot 7$

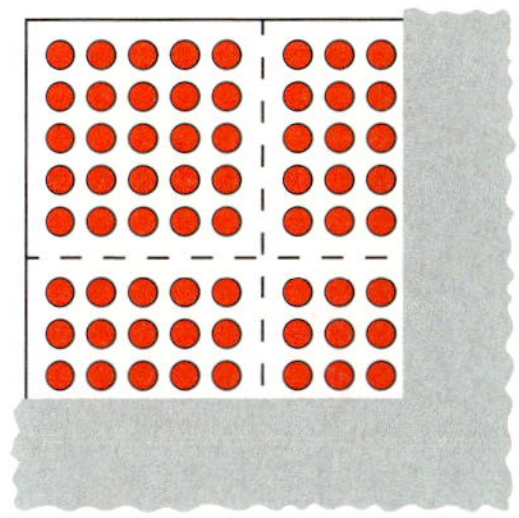

$8 \cdot 8$

Die Ergebnisse von Malaufgaben mit gleichen Zahlen heißen Quadratzahlen.
Warum?

9 Lege mit dem Malwinkel und rechne aus.

$1 \cdot 1$	$3 \cdot 3$	$5 \cdot 5$	$7 \cdot 7$	$9 \cdot 9$
$2 \cdot 2$	$4 \cdot 4$	$6 \cdot 6$	$8 \cdot 8$	$10 \cdot 10$

Blitzrechnen: Einmaleins

Malaufgabe legen.

Aufgabe nennen und berechnen.

■ **8, 9** Quadratzahlen kennen lernen und berechnen. Zur Grundlegung und zum weiteren regelmäßigen Üben Winkel am Einmaleinsfeld (Seite 135 oder aufgeklappte Umschlagseite im Arbeitsheft) benutzen.

Zehner-, Fünfer-, Zweier- und Einerreihe

1 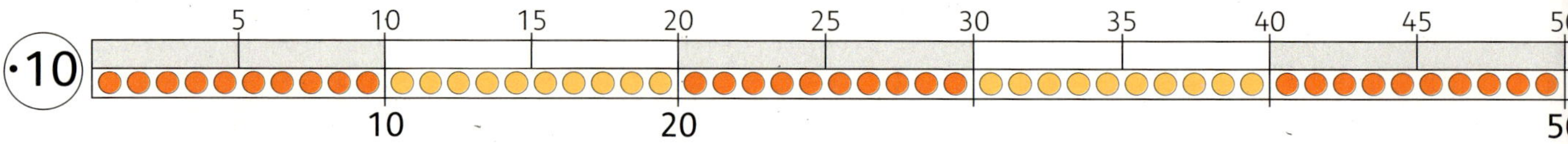

a) Zeige und lies die Ergebnisse ab.
Zehnersprünge: 1-mal, 2-mal, 5-mal, 10-mal.

afrikanischer Springhase

b) Die Zehnerreihe ist sehr einfach. Warum?

1 · 10	2 · 10	3 · 10	4 · 10	5 · 10
6 · 10	7 · 10	8 · 10	9 · 10	10 · 10

2 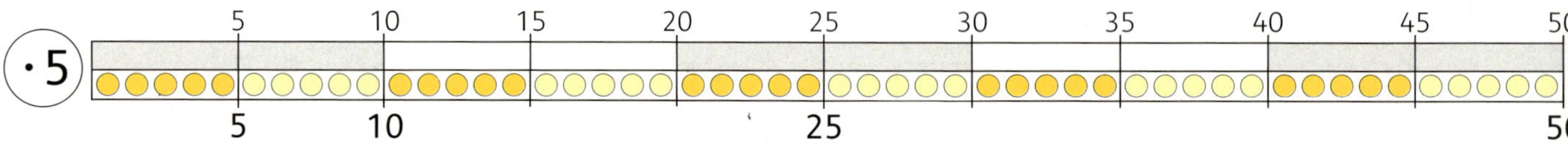

a) Zeige und lies die Ergebnisse ab.
Fünfersprünge: 1-mal, 2-mal, 5-mal, 10-mal.

Rothirsch

b) Die Fünferreihe ist sehr einfach, wenn du die Zehnerreihe benutzt.
Warum?

2 · 10	3 · 10	4 · 10	5 · 10	6 · 10
2 · 5	3 · 5	4 · 5	5 · 5	6 · 5

3 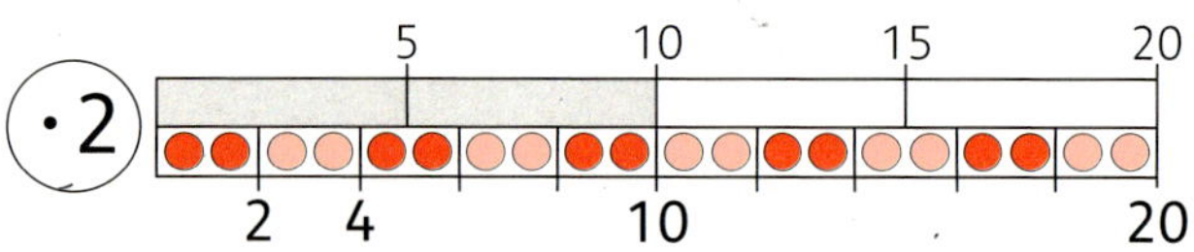

afrikanischer Löwe

a) Zeige und lies die Ergebnisse ab.
Zweiersprünge: 1-mal, 2-mal, 5-mal, 10-mal.

b) Die Zweierreihe ist sehr einfach, wenn du die Verdopplungsaufgaben als Tauschaufgaben rechnest. Warum?

9 · 2	8 · 2	7 · 2	6 · 2	4 · 2
2 · 9	2 · 8	2 · 7	2 · 6	2 · 4

4 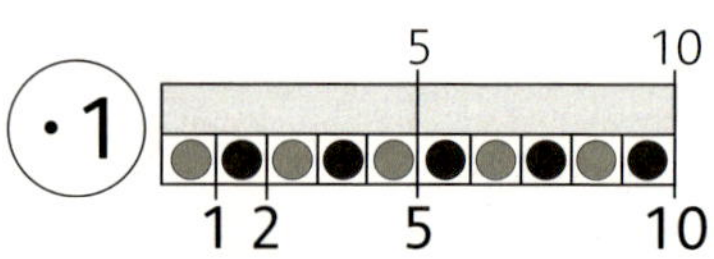

Die leichteste Reihe ist die Einerreihe.
Vergleiche sie mit der Zehnerreihe.

1 · 1	2 · 1	3 · 1	4 · 1	5 · 1
6 · 1	7 · 1	8 · 1	9 · 1	10 · 1

Braunbär

■ **1–4** Ergebnisse der kurzen Reihe (1-mal, 2-mal, 5-mal, 10-mal) an der Zahlenreihe verifizieren.
Zur Berechnung der weiteren Aufgaben jeweils Beziehungen zur kurzen Reihe (Kernaufgaben) benutzen.

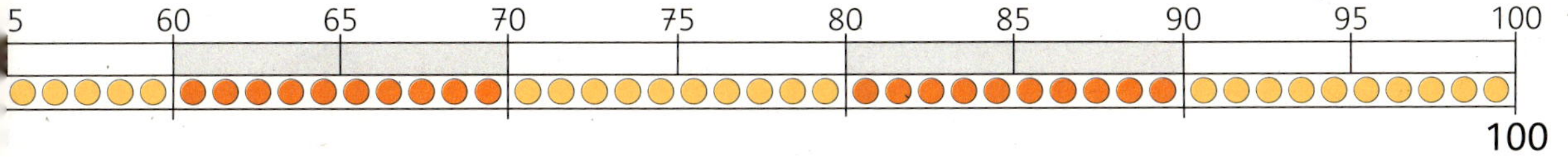

5 Ergänze die fehlenden Zahlen. Bilde die Summe. Was fällt dir auf? Begründe.

a)

5er-Reihe	5	10	15	20	25					50
5er-Reihe	5	10	15	20	25					50
Summe	10	20	30	40	50					

b)

2er-Reihe	2	4			10					20
2er-Reihe	2									
Summe										

c)

1er-Reihe	1	2								
1er-Reihe	1	2								
Summe										

d)

2er-Reihe	2	4			10					20
1er-Reihe	1	2								10
Summe										

e)

5er-Reihe	5	10			25					50
1er-Reihe	1	2			5					10
Summe										

f)

.....er-Reihe	5									
.....er-Reihe					10					
Summe	7									

g)

.....er-Reihe				8						
.....er-Reihe						30				
Summe										

■ **5** Tabellen für die Reihen ins Heft zeichnen (ggf. KV benutzen). Aus den markierten Ergebnissen der kurzen Reihen jeweils die anderen Ergebnisse erschließen. → Arbeitsheft, Seiten 38, 39

1

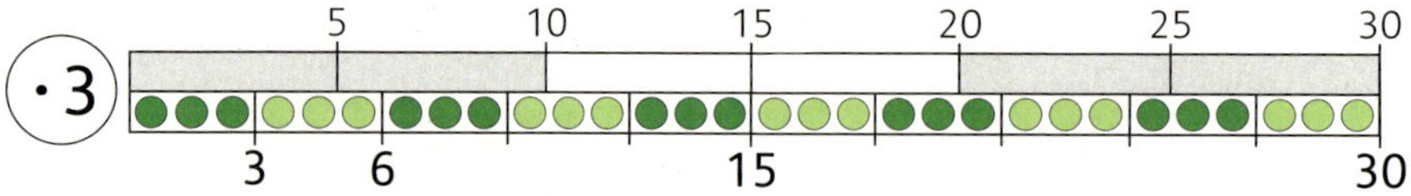

Tiger

a) Zeige und lies die Ergebnisse ab.
Dreiersprünge: 1-mal, 2-mal, 5-mal, 10-mal.
1 · 3   2 · 3   5 · 3   10 · 3

b) Berechne mithilfe der Kernaufgaben.
7 · 3   3 · 3   4 · 3   6 · 3   9 · 3   8 · 3

7-mal springen ist 5-mal plus 2-mal springen.

2

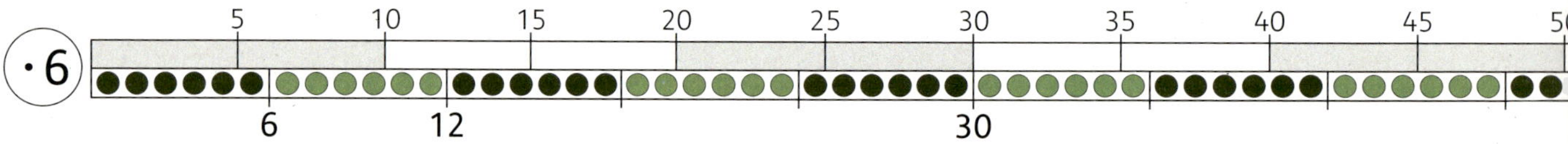

a) Zeige und lies die Ergebnisse ab.
Sechsersprünge: 1-mal, 2-mal, 5-mal, 10-mal.
1 · 6   2 · 6   5 · 6   10 · 6

b) Berechne mithilfe der Kernaufgaben.
4 · 6   3 · 6   6 · 6   7 · 6   9 · 6   8 · 6

4-mal springen ist 2-mal plus 2-mal springen.

3

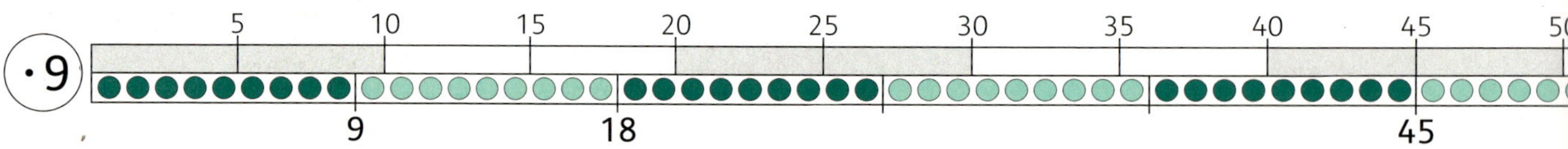

a) Zeige und lies die Ergebnisse ab.
Neunersprünge: 1-mal, 2-mal, 5-mal, 10-mal.
1 · 9   2 · 9   5 · 9   10 · 9

b) Berechne mithilfe der Kernaufgaben.
3 · 9   4 · 9   6 · 9   7 · 9   9 · 9   8 · 9

3-mal springen ist 2-mal plus 1-mal springen.

4 Die Tiere springen auf 18.
Wie oft müssen sie springen?

..... · 3 = 18   ..... · 6 = 18   ..... · 9 = 18

■ **1–4** Ergebnisse der kurzen Reihe (1-mal, 2-mal, 5-mal, 10-mal) an der Zahlenreihe verifizieren.
Zur Berechnung der weiteren Aufgaben jeweils Beziehungen zur kurzen Reihe (Kernaufgaben) benutzen.

5 Ergänze die fehlenden Zahlen. Bilde die Summe. Was fällt die auf? Begründe.

a)

3er-Reihe	3	6	9	12	15					30
2er-Reihe	2	4	6	8	10					20
Summe	5	10	15	20						

b)

3er-Reihe	3	6			15					30
3er-Reihe	3	6			15					30
Summe	6	12								

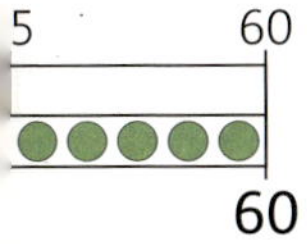

Rennkuckuck

c)

3er-Reihe	3	6			15					30
6er-Reihe	6	12								
Summe	9	18								

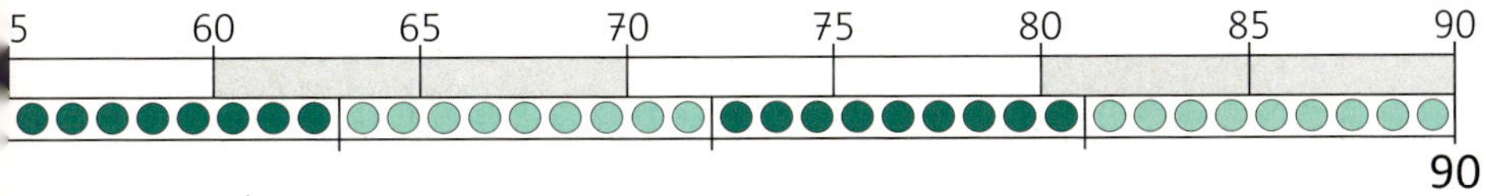

Ochsenfrosch

d)

.....er-Reihe				36						90
.....er-Reihe										
Summe	10	20								

e)

.....er-Reihe										60
.....er-Reihe										
Summe	9	18								

6 Wähle selbst weitere Reihen aus und bilde Summen.

■ **5** Tabellen für die Reihen ins Heft zeichnen (ggf. KV benutzen). Aus den markierten Ergebnissen der kurzen Reihen jeweils die anderen Ergebnisse erschließen. **6** Eigene Reihen wählen und analog die Summe berechnen (ggf. KV benutzen). → Arbeitsheft, Seiten 40, 41

1 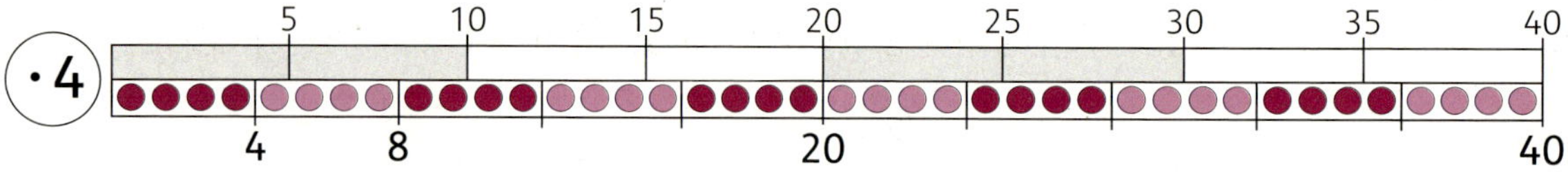

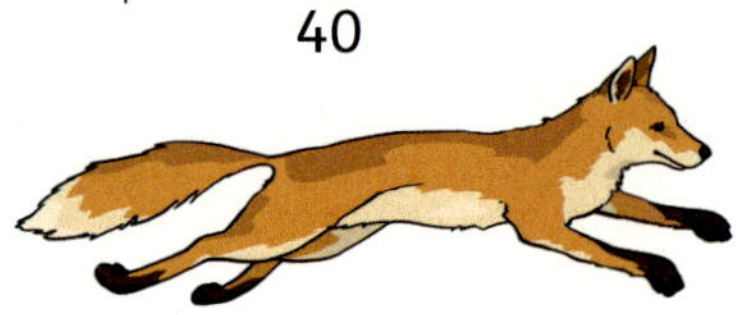
Rotfuchs

a) Zeige und lies die Ergebnisse ab.
Vierersprünge: 1-mal, 2-mal, 5-mal, 10-mal.
1 · 4   2 · 4   5 · 4   10 · 4

b) Berechne mithilfe der Kernaufgaben.
9 · 4   3 · 4   4 · 4   6 · 4   7 · 4   8 · 4

9-mal springen ist 10-mal minus 1-mal springen.

2 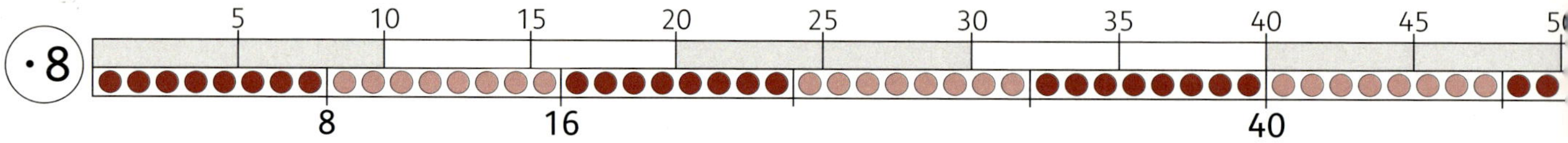

a) Zeige und lies die Ergebnisse ab.
Achtersprünge: 1-mal, 2-mal, 5-mal, 10-mal.
1 · 8   2 · 8   5 · 8   10 · 8

b) Berechne mithilfe der Kernaufgaben.
6 · 8   3 · 8   4 · 8   7 · 8   9 · 8   8 · 8

6-mal springen ist 5-mal plus 1-mal springen.

3 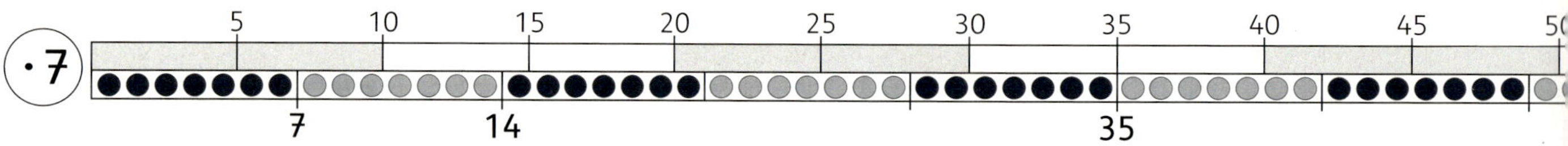

a) Zeige und lies die Ergebnisse ab.
Siebenersprünge: 1-mal, 2-mal, 5-mal, 10-mal.
1 · 7   2 · 7   5 · 7   10 · 7

b) Berechne mithilfe der Kernaufgaben.
8 · 7   3 · 7   4 · 7   6 · 7   7 · 7   9 · 7

8-mal springen ist 10-mal minus 2-mal springen.

4 Rotfuchs und Känguru springen auf 28. Wie oft müssen sie springen?

5 Waldmaus und Känguru springen auf eine gemeinsame Zahl.
Wie oft müssen sie springen?

1–5 Ergebnisse der kurzen Reihe (1-mal, 2-mal, 5-mal , 10-mal) an der Zahlenreihe verifizieren.
Zur Berechnung der weiteren Aufgaben jeweils Beziehungen zur kurzen Reihe (Kernaufgaben) benutzen.

6 Ergänze die fehlenden Zahlen. Bilde die Summe. Was fällt dir auf? Begründe.

a)

4er-Reihe	4	8			20					
3er-Reihe										30
Summe										

b)

.....er-Reihe						36				
.....er-Reihe						6				
Summe	7	14								70

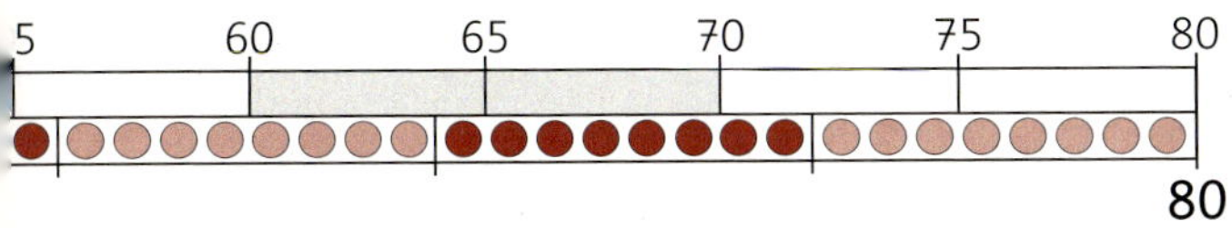

Waldmaus

c)

.....er-Reihe			15							
.....er-Reihe					15					
Summe		16								

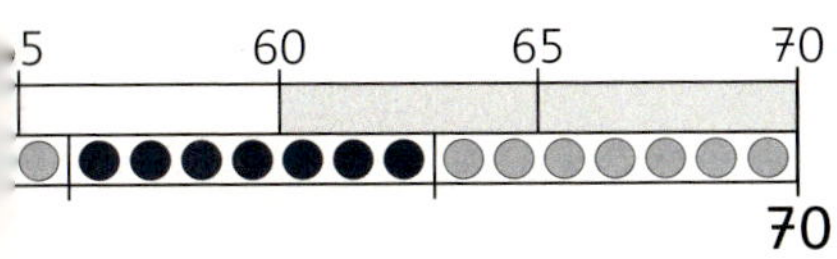

Känguru

Forschen und Finden

7 Passende Paare.

7er-Reihe	7	14	21	28	35	42	49	56	63	70
9er-Reihe	9	18	27	36	45	54	63	72	81	90

Schreibe jede Zahl von 1 bis 70 als Plusaufgabe oder Minusaufgabe. Verwende dabei immer eine Aufgabe aus der 7er-Reihe und eine Aufgabe aus der 9er-Reihe.

Meistens gibt es mehrere Möglichkeiten.

10 = 45 – 35   21 = 63 – 42   5 = 54 – 49   1 = 36 – 35

■ **6** Tabellen für die Reihen ins Heft zeichnen (ggf. KV benutzen). Aus den markierten Ergebnissen der kurzen Reihen jeweils die anderen Ergebnisse erschließen. **7** Rechnungen evtl. in breite Hundertertafel eintragen (KV). → Arbeitsheft, Seiten 42, 43 → Verstehen und Trainieren 2, Seiten 28, 29 → Probieren und Kombinieren 2, Seiten 22 – 25

Malaufgaben in der Umwelt

1

1 Tomate
2 Hälften

a)

2 Tomaten
..... Hälften

b)

3 Tomaten
..... Hälften

c)

7 Tomaten
..... Hälften

2

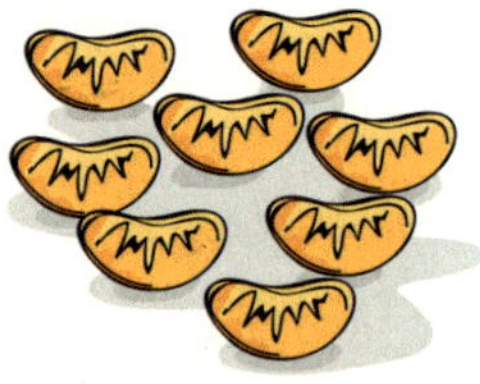

1 Orange
8 Stücke

a)

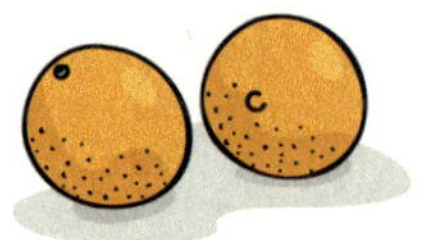

2 Orangen
..... Stücke

b)

3 Orangen
..... Stücke

c)

5 Orangen
..... Stücke

3

1 Flasche
5 Gläser

a)

2 Flaschen
..... Gläser

b)

5 Flaschen
..... Gläser

c)

7 Flaschen
..... Gläser

4

1 Ei
4 Viertel

a)

3 Eier
..... Viertel

b)

5 Eier
..... Viertel

c)

7 Eier
..... Viertel

5

1 Torte
12 Stücke

a)

2 Torten
..... Stücke

b)

3 Torten
..... Stücke

6 Erfinde eigene Malaufgaben.

1–5 Situationen beschreiben, Malaufgaben lösen.

7 Tiere bekommen Junge.

Eine Katze bekommt im Frühjahr und im Herbst Junge. Manchmal bekommt sie 2, manchmal 3 und manchmal 4 Junge. Zu jedem Wurf gehören **durchschnittlich** 3 Junge.

	Würfe in einem Jahr	Junge pro Wurf
Katze	2	3
Maus	4	7
Eichhörnchen	3	3
Kaninchen	2	7
Hase	3	3
Ratte	5	8

Wie viele Junge bekommen die Tiere durchschnittlich in einem Jahr?

7) Katze: 2 · 3 K = 6 K

Maus: 4 · 7 M =

8 Wie viele Minuten sind vergangen?

a) 

b) 

c) 

d) 

8 a) 3 · 5 min

1 5 min

8 b) 6 · 5 min

min

e) 

f) 

g) 

h) 

i) 

j) 

k) 

l) 

7 Erläutern, was „durchschnittlich" bei zufällig schwankenden Anzahlen bedeutet. **8** Zeitspannen ausrechnen und benennen (Viertelstunde, halbe Stunde, ...). Vorher sollte das Mini-Projekt „Zeit" (Stunden, Minuten) im Unterricht behandelt worden sein (vgl. Seiten 122 –125).

1 Wie viel Euro müssen die Gäste bezahlen?

a)

Tisch 1

1a) Tisch 1:

2,50 €
4,50 €
4,00 €

b)

Tisch 2

! Das Komma trennt Euro- und Centbetrag.

c) Luka lädt seine drei Freunde zu Spagetti-Eis ein. ?

d) Lilli kauft 4 Kugeln Eis mit Sahne. ?

e) Louis hat 6 Euro. Er bestellt einen Bananensplit und einen Mini-Becher für seine Schwester. ?

f) Denke dir selbst Aufgaben aus.

2 Es gibt drei Sorten Eis: Vanille, Erdbeer und Schokolade. Wie viele verschiedene Waffeln mit drei Kugeln kann der Eisverkäufer zusammenstellen?

2)

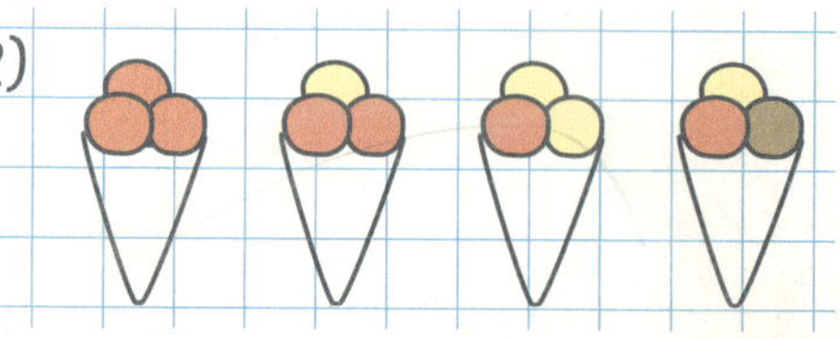

Verwendung des Kommas bei Euro und Cent besprechen. **1** Aufgaben ausrechnen, weitere selbst stellen, dazu Eiskarte benutzen. **2** Verschiedene Kombinationsmöglichkeiten suchen. Die Anordnung spielt keine Rolle.

→ Arbeitsheft, Seite 44

1 Annika kauft:
10 Eier
1 Schale Erdbeeren
2 Flaschen Apfelsaft

Annika rechnet:
1) 3,00 €
4,00 €
6,00 €

2 Berechne die Einkäufe.

a)
10 Eier
1 Bund Karotten
2 kg Äpfel
1 Schale Erdbeeren

b)
2 x Erdbeeren
1 x Radieschen
3 x Marmelade
3 x Salat
1 x Petersilie

c)
2 Gläser Honig
5 Fl. Apfelsaft
1 Bund Karotten
3 Gurken

3 Stelle selbst Einkaufszettel zusammen und rechne aus.

4 Frau Wiesner hat im Supermarkt 1 Bund Karotten, 1 Glas Honig, 1 kg Äpfel und 10 Eier gekauft. Vergleiche mit dem Bio-Hof.

SUPERMARKT FIXI-SUP

Karotten	1,29 €
Honig	2,49 €
Äpfel	2,08 €
Eier	1,78 €
Summe	7,64 €
Bar	10,00 €
zurück	2,36 €

5 Warum kaufen viele Leute auf dem Bio-Hof?

Aufgaben berechnen, weitere Rechnungen mit den angeführten Preisen durchführen. → Arbeitsheft, Seite 45

Teile die mitgebrachten Dinge auf.
Lege mit Plättchen. Zeichne die Lösung in dein Heft.

1 Lege auf jeden Teller 5 Tomaten.
Wie viele Teller werden benötigt?

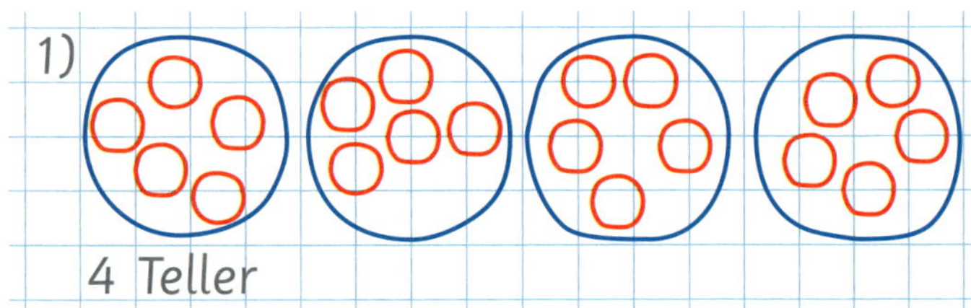

2 Lege in jedes Körbchen 8 Brötchen.
Wie viele Körbchen werden benötigt?

3 Lege auf jedes Brettchen 6 Scheiben Käse. ?

4 Stelle in jede Vase 3 Tulpen. ?

5 Die 4 Gruppentische werden gedeckt.
a) Wie kannst du Marmelade, Saft und Butter auf die 4 Tische verteilen?

b) 23 Kinder und die Lehrerin setzen sich an die Tische. ?

■ **1–4** Dinge nach Vorgabe aufteilen. Evtl. Plättchen als Stellvertreter benutzen. **5** Teilen mit und ohne Rest.
→ Arbeitsheft, Seite 46

Frau Berger räumt nach dem Fest mit 5 Kindern auf.
Was übrig bleibt, wird an die Kinder verteilt.

1 Sie verteilt 20 Luftballons.
20 : 5 = ...
20 durch 5 = ...

Wie viele Luftballons bekommt jedes Kind?

2 Verteile 2 Waffeln an 5 Kinder.
Wie viele Waffelherzen bekommt jedes Kind?

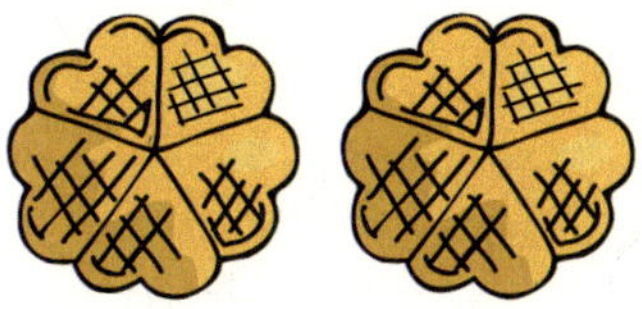

3 Nun werden die Blumen verteilt. ?
15 : 5 = ...

4 Rechne.

a)	b)	c)	d)	e)
5 : 5	40 : 4	10 : 2	60 : 6	3 : 3
10 : 5	20 : 4	20 : 2	30 : 6	30 : 3
25 : 5	8 : 4	8 : 2	12 : 6	15 : 3
50 : 5	4 : 4	4 : 2	36 : 6	9 : 3
20 : 5	16 : 4	2 : 2	6 : 6	6 : 3

■ **1–3** Dinge nach Vorgabe verteilen. Evtl. Plättchen als Stellvertreter benutzen. Schreibweise für Divisionsaufgaben kennen lernen. **4** Weitere Divisionsaufgaben lösen. → Arbeitsheft, Seite 47

Teilen am Einmaleins-Plan

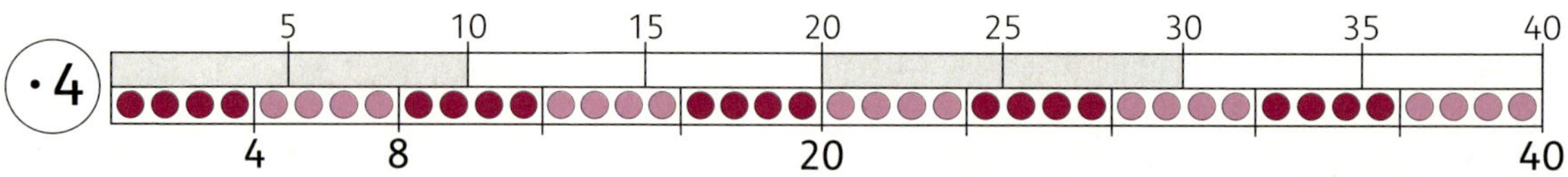

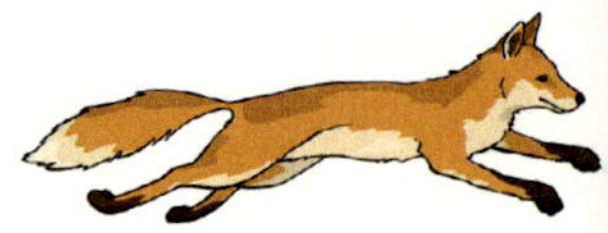

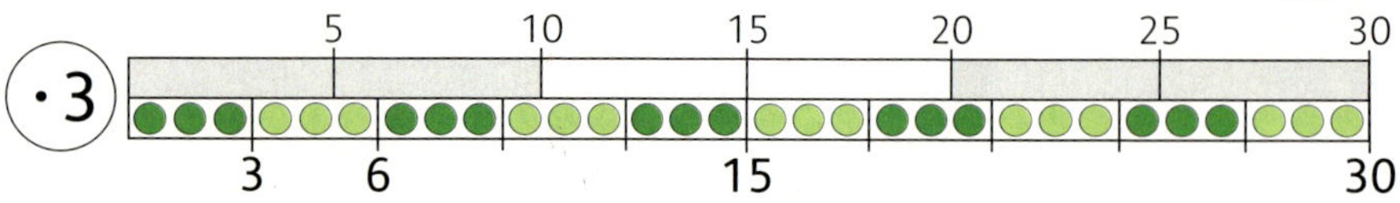

1 Der Fuchs springt auf 40 (20, 8).
Wie oft ist er gesprungen?
40 : 4 = 10, denn 10 · 4 = 40
20 : 4 = ..., denn ..... · 4 = 20
8 : 4 = ..., denn ..... · 4 = 8

2 Der Tiger springt auf 30 (15, 6).
Wie oft ist er gesprungen?
30 : 3 = 10, denn 10 · 3 = 30
15 : 3 = ..., denn ..... · 3 = 15
6 : 3 = ..., denn ..... · 3 = 6

40 : 4 = 10		30 : 3 = 10
20 : 4 = 5	**Leicht zu merken.**	15 : 3 = 5
8 : 4 = 2		6 : 3 = 2

3
20 : 4 40 : 4
24 : 4 36 : 4

20 : 4 40 : 4
16 : 4 32 : 4

20 : 4 8 : 4
28 : 4 12 : 4

4
15 : 3 30 : 3
18 : 3 27 : 3

15 : 3 30 : 3
12 : 3 24 : 3

15 : 3 6 : 3
21 : 3 9 : 3

5 Beginne mit den einfachen Aufgaben.

40 : 4	20 : 4
36 : 4	16 : 4
32 : 4	12 : 4
28 : 4	8 : 4
24 : 4	4 : 4

6 Beginne mit den einfachen Aufgaben.

3 : 3	18 : 3
6 : 3	21 : 3
9 : 3	24 : 3
12 : 3	27 : 3
15 : 3	30 : 3

7 Der Fuchs und der Löwe springen auf 20 (12, 16, 24, 40).
Wie oft muss jeder springen? Was fällt dir auf?
Begründe.

7) Fuchs: 20 : 4 = 5 Fuchs: 12 : 4
Löwe: 20 : 2 = 10 Löwe: 12 : 2

1, 2 Einfache Divisionsaufgaben als Umkehrung einfacher Malaufgaben mithilfe des Einmaleins-Plans lösen.
3–6 Von einfachen auf schwierige Divisionsaufgaben schließen. Die Tiere machen jeweils einen oder zwei Sprünge mehr bzw. weniger. → Arbeitsheft, Seite 48

1 Rechne am Einmaleins-Plan.

·6  ·7  ·8  ·9 

·6	·7	·8	·9
6 : 6	7 : 7	8 : 8	9 : 9
12 : 6	14 : 7	16 : 8	18 : 9
30 : 6	35 : 7	40 : 8	45 : 9
60 : 6	70 : 7	80 : 8	90 : 9

2 Von einfachen zu schwierigen Aufgaben.

a)	b)	c)	d)
60 : 6	70 : 7	80 : 8	90 : 9
54 : 6	63 : 7	72 : 8	81 : 9
30 : 6	35 : 7	40 : 8	45 : 9
36 : 6	42 : 7	48 : 8	54 : 9
30 : 6	35 : 7	40 : 8	45 : 9
24 : 6	28 : 7	32 : 8	36 : 9

3 a) Wie wurde gerechnet?

·	2	3	9
4	8	12	36
5	10	15	45
8	16	24	72

b) Zeichne ins Heft und rechne aus.

·	4	6	7
2			
3			
4			

·	3	6	9
3			
4			
7			

Forschen und Finden

4 Aus Maltabellen wurden Zahlen wegradiert. Überlege welche.

·	5		4
2	10	12	
		30	20
3	15		

·	2	5	9
	20		90
4		20	
	10	25	

·		7	8
4	12	28	
		42	
			64

Finde selbst solche Tabula-Rasa-Aufgaben für andere Kinder.

1 Einfache Divisionsaufgaben als Umkehrung einfacher Malaufgaben mithilfe des Einmaleins-Plans lösen. **2** Von einfachen auf schwierige Divisionsaufgaben schließen. **3** Maltabellen besprechen, ausrechnen. **4** Tabula rasa durch Multiplikation und Division lösen. → Arbeitsheft, Seite 49 → Probieren und Kombinieren 2, Seiten 18 – 21

Auf dem Bild siehst du 4 Aufgaben:

3 Reihen mit 4 Töpfen.	$3 \cdot 4$
4 Reihen mit 3 Töpfen.	$4 \cdot 3$
12 Töpfe verteilt auf 3 Reihen.	$12 : 3$
12 Töpfe verteilt auf 4 Reihen.	$12 : 4$

1 a)

1a)
$5 \cdot 2 = 10$
$2 \cdot 5 =$
$10 : 2 =$
$10 : 5 =$

b) 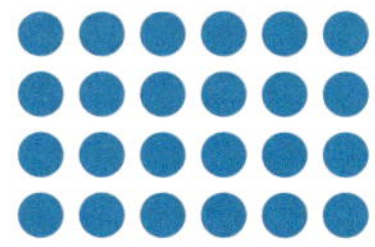

c) 

d) 

e) 

2 Rechne die Tauschaufgabe und die Umkehraufgaben.

a) $8 \cdot 7$

2a)
$8 \cdot 7 =$
$7 \cdot 8 =$
$56 : 7 =$
$56 : 8 =$

b) $9 \cdot 6$ c) $4 \cdot 9$ d) $6 \cdot 7$
e) $5 \cdot 7$ f) $8 \cdot 4$ g) $7 \cdot 7$

3 Leite die Ergebnisse aus Malaufgaben ab.

a) $48 : 6$
$32 : 4$

3a) $8 \cdot 6 = 48$, also
$48 : 6 = 8$

b) $36 : 6$
$36 : 4$

c) $18 : 9$
$18 : 6$

d) $63 : 9$
$54 : 6$

4 Vom Bahnhof fährt alle 6 Minuten ein Bus. Wie viele Busse fahren in einer Stunde?

5 Herr Lange arbeitet von Montag bis Donnerstag 8 Stunden am Tag und am Freitag 6 Stunden. ?

6 Eine Floristin bindet aus 30 Rosen Sträuße mit je 5 Rosen. ?

7 Denke dir selbst Aufgaben aus.

■ **1** Felder als Mal- und Geteiltaufgaben deuten. **3** Geteiltaufgaben aus Malaufgaben ableiten. **4–7** Sachaufgaben lösen, Fragen selbst finden und Aufgaben zahlenmäßig abwandeln. → Arbeitsheft, Seite 50

Niklas	Lea
Laura	Erik
Fabian	Jule

Hanna	Jakob
Ali	Selina
Paul	Sara

Serkan	Franka
Leila	Max
Felix	Tim
Elias	Lisa
Fatima	Mika

1 Wie heiße ich?

a) Ich habe einen Pferdeschwanz und einen gelben Pullover.

b) Ich habe eine blaue Schultasche.

c) Ich trage eine Brille.

d) Der Junge links von mir trägt einen roten Pullover.

e) Mein rechter Nachbar ist heute nicht da.

f) Der Junge mir gegenüber trägt ein Stirnband.

g) Meine linke Nachbarin hat lange schwarze Haare.

h) Mein rechter Nachbar trägt einen Ringelpulli.

i) Das Kind mir gegenüber trägt eine Brille.

2 Zeichne einen Plan für deine Klasse.

1 Mithilfe des Sitzplans herausfinden, wie die Kinder heißen. **2** Einen eigenen Klassenplan erstellen.

Welches Bild gehört zu welcher Kamera?

Unterschiedliche Ansichten besprechen und den Kameras zuordnen.

1 Baut aus Quadernetzen einen roten, einen blauen und einen gelben Quader.

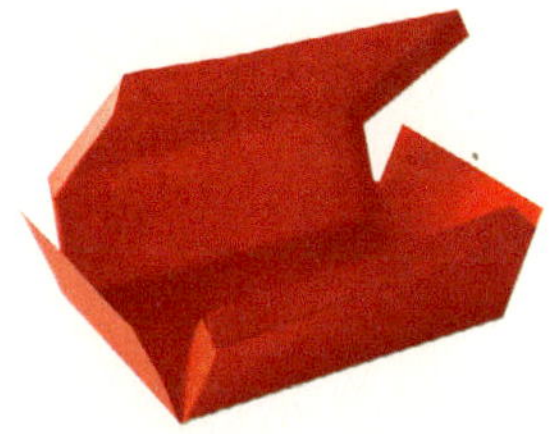

2 Stellt die Quader nach dem Grundriss auf. Vergleicht mit den Bildern. Welche Seitenansicht gehört zu welchem Kind?

a)

b)

c)

d)

2a) Seitenansicht von Niklas, b)

Überlegt ebenso. Welche Seitenansicht gehört zu welchem Kind?

3

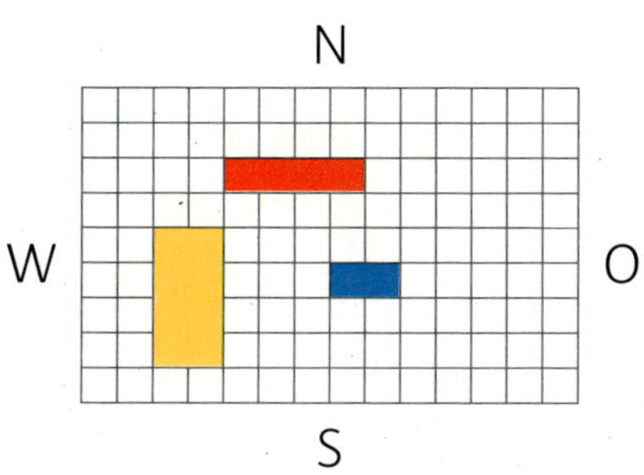

a)

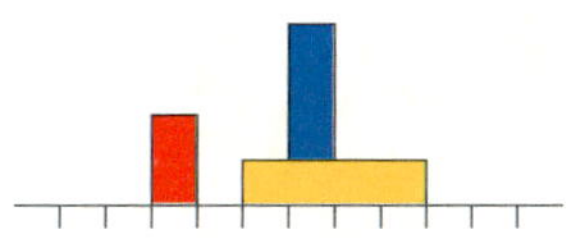

b)

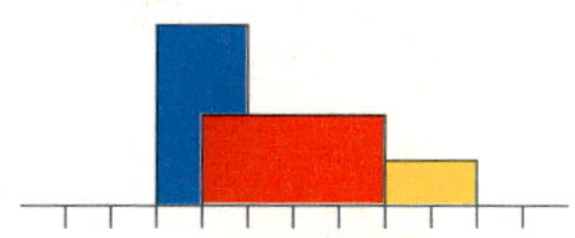

c)

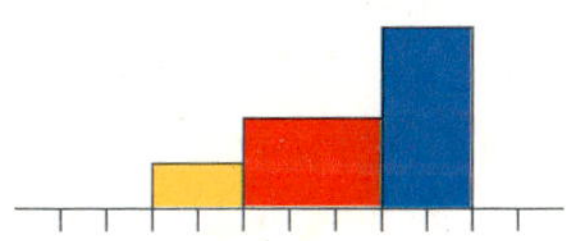

d)

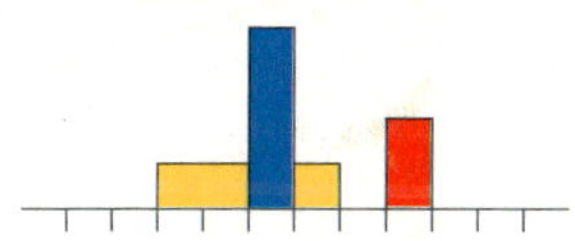

3a) Seitenansicht von Wendy, b)

4

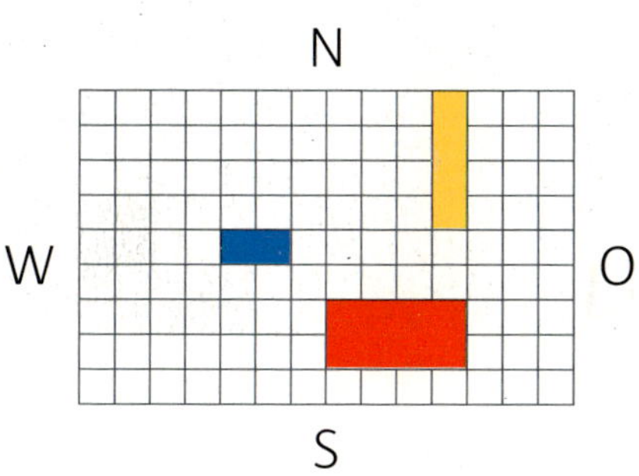

a)

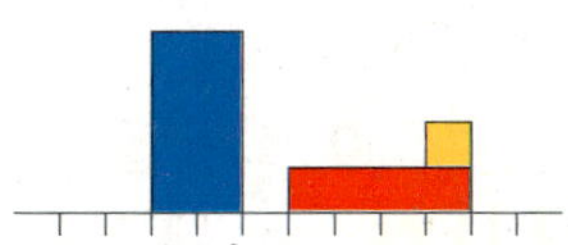

b)

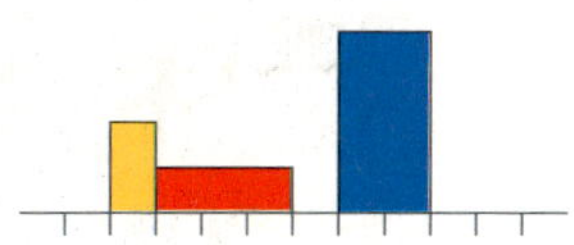

c)

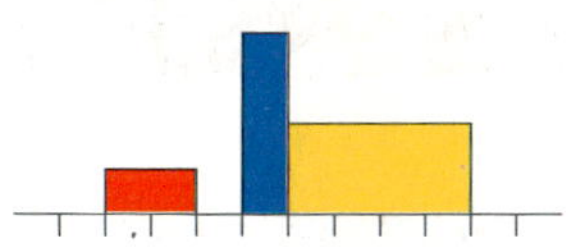

d)

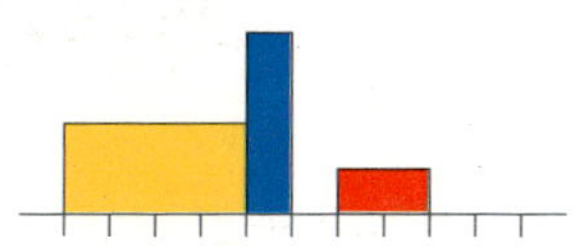

■ **1** Quader bauen und färben (Quadernetz und Gitternetz als KV). **2** Begriffe „Grundriss“ und „Seitenansicht“ erklären.

1 **Wie rechnet ihr 63 + 25 und 68 + 25?**

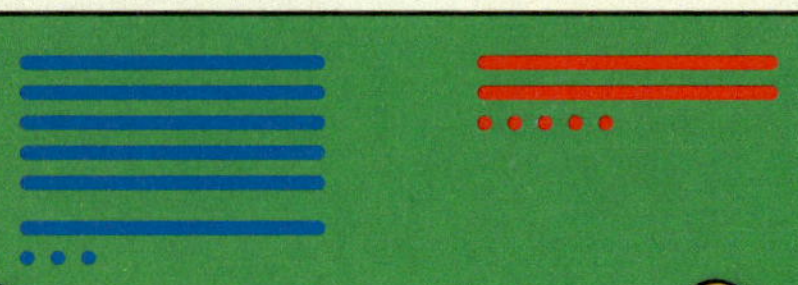

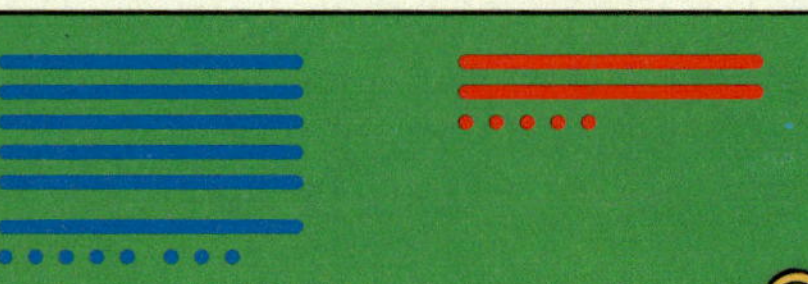

63 + 25 = 88
60 + 20 = 80
3 + 5 = 8

Zehner plus Zehner,
Einer plus Einer.

68 + 25 = 93
8 + 5 = 13
60 + 20 = 80

Einer plus Einer,
Zehner plus Zehner.

63 + 25 = 88
63 + 20 = 83
83 + 5 = 88

Erst Zehner dazu,
dann Einer dazu.

68 + 25 = 93
68 + 2 + 23

Zehner voll machen.

63 + 25 = 88

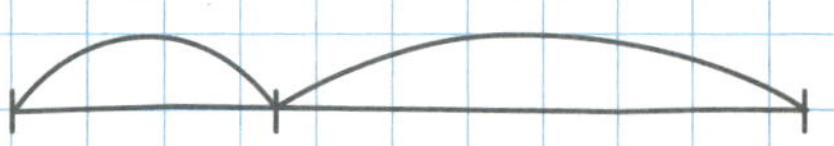

Erst Einer dazu, dann Zehner dazu.

68 + 25 = 93
70 + 25 = 95

Hilfsaufgabe

Beschreibt die verschiedenen Rechenwege und vergleicht mit euren.

Beschreibe deinen Rechenweg.

2 a) 64 + 17 b) 37 + 58 c) 75 + 19 d) 25 + 27 e) 74 + 16 f) 39 + 17
58 + 24 46 + 48 67 + 28 29 + 24 53 + 36 27 + 28
Kontrolliere: Die Ergebnisse sind jeweils Nachbarzahlen.

3 a) 42 + 39 b) 28 + 62 c) 47 + 24 d) 58 + 17 e) 59 + 24 f) 43 + 17
49 + 42 29 + 71 44 + 37 49 + 36 79 + 14 34 + 16
Kontrolliere: Die Ergebnisse unterscheiden sich immer um 10.

1 Zuerst die Aufgaben auf eigenen Wegen rechnen und im Klassengespräch vergleichen (Mathekonferenz). Verschiedene Möglichkeiten und Notationen von Rechenwegen vorstellen und der individuellen Nutzung überlassen.
2, 3 Aufgaben auf eigenen Wegen lösen, mündlich beschreiben und soweit möglich notieren.

4 Beschreibt, wie die Kinder die Aufgaben gerechnet haben.

a) 46 + 32

Florian
46 + 32 =
40 + 30 = 70
6 + 2 = 8

Felix
46 + 32 =
46 + 30 + 2

b) 48 + 37

Nick
48 + 37 =
40 + 30 = 70
8 + 7 = 15

Maja
48 + 37 =
48 + 2 + 35

c) 52 + 39

Selina
52 + 39 =
52 + 40 = 92

Erdal
52 + 39 =
52 + 30 = 82
82 + 9 = 91

Liana

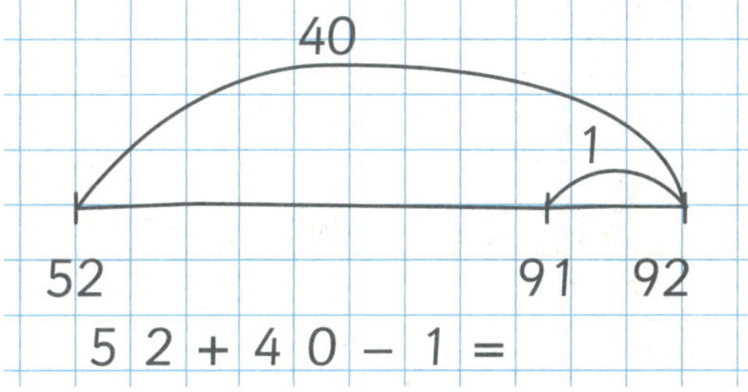

Probiere selbst.

5 a) 23 + 45, 23 + 48   b) 55 + 14, 54 + 18   c) 27 + 17, 24 + 16   d) 34 + 15, 35 + 16   e) 78 + 13, 74 + 13   f) 46 + 37, 42 + 36

6 a) 68 + 19, 58 + 29   b) 37 + 58, 47 + 48   c) 65 + 29, 75 + 19   d) 26 + 48, 16 + 58   e) 59 + 39, 69 + 29   f) 44 + 28, 54 + 18

7 Schöne Päckchen. Setze fort.

a)	b)	c)	d)	e)	f)
15 + 37	16 + 14	27 + 49	53 + 27	25 + 10	32 + 25
30 + 33	27 + 18	36 + 42	52 + 28	30 + 12	38 + 20
45 + 29	38 + 22	45 + 35	51 + 29	35 + 14	44 + 15
60 + 25	49 + 26	54 + 28	50 + 30	40 + 16	50 + 10
75 + 21	50 + 30	63 + 21	49 + 31	45 + 18	56 + 5

8 a) Ich denke mir eine Zahl.
Ich halbiere sie und erhalte 44. ?

b) Ich denke mir eine Zahl.
Ich verdopple sie und erhalte 78. ?

■ **4** Rechenwege der Kinder herausfinden. **5–7** Beziehungen zwischen den Rechenaufgaben nutzen. **8** Direkt oder schrittweise lösen. Beispiel: Die Hälfte von 80 ist 40. Das ist zu wenig. Die Hälfte von 90 ist 45. Das ist zu viel.
→ Arbeitsheft, Seite 51

Rechenwege bei Minusaufgaben beschreiben

1 Wie rechnet ihr 67 – 23 und 63 – 27?

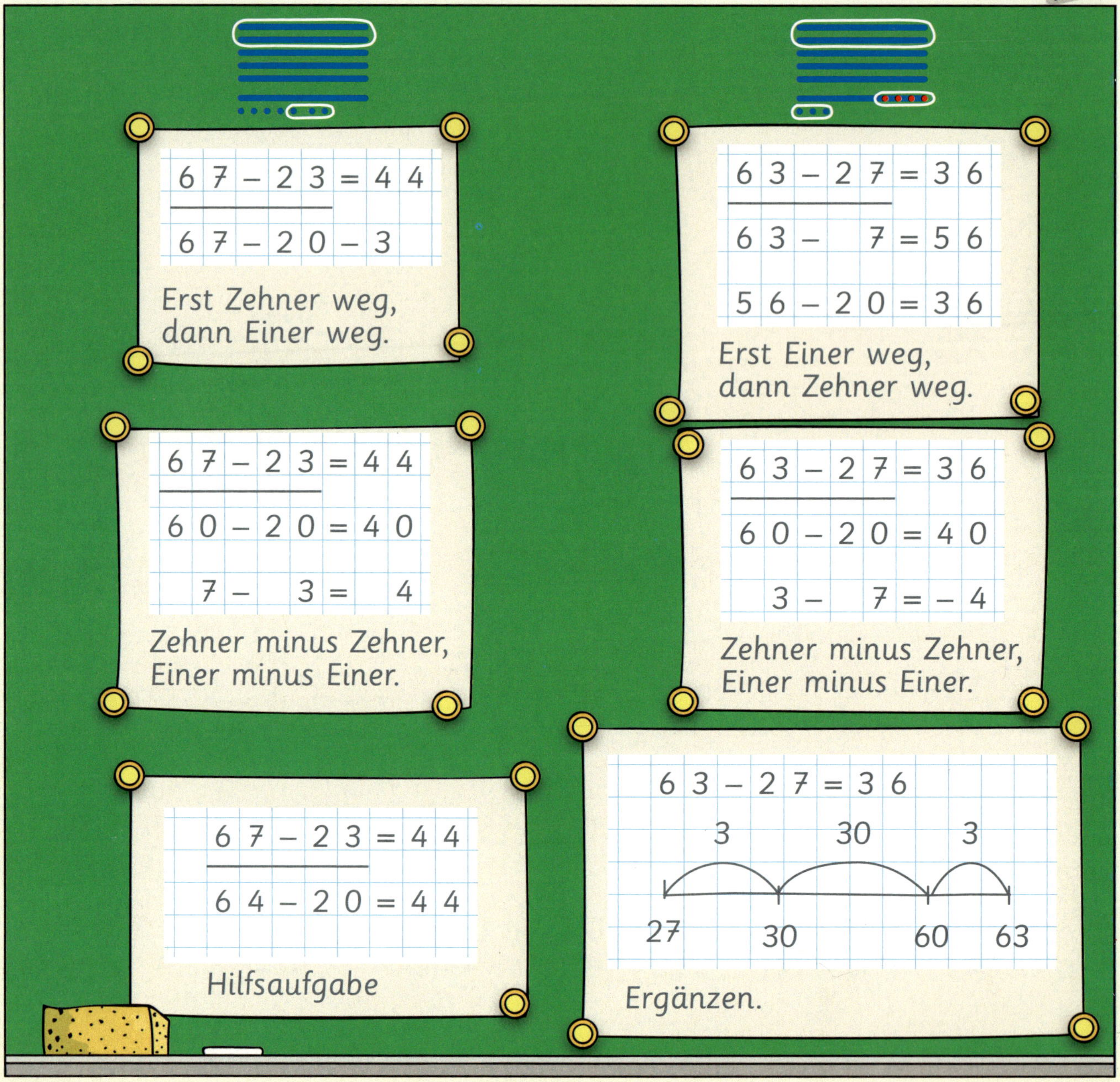

Beschreibt die verschiedenen Rechenwege und vergleicht mit euren.

Beschreibe deinen Rechenweg.

2 a) 64 – 48 b) 73 – 48 c) 46 – 17 d) 75 – 57 e) 83 – 45 f) 63 – 37
55 – 38 64 – 38 37 – 7 66 – 47 74 – 35 81 – 54

Kontrolliere: Die Ergebnisse sind jeweils Nachbarzahlen.

3 a) 47 – 28 b) 65 – 43 c) 57 – 19 d) 94 – 36 e) 77 – 23 f) 88 – 44
46 – 17 51 – 19 65 – 37 74 – 26 63 – 19 52 – 18

Kontrolliere: Die Ergebnisse unterscheiden sich immer um 10.

■ **1** Zuerst die Aufgaben auf eigenen Wegen rechnen und im Klassengespräch vergleichen (Mathekonferenz). Verschiedene Möglichkeiten und Notationen von Rechenwegen vorstellen und der individuellen Nutzung überlassen. Teilrechnung 3 – 7 handelnd erklären, dabei – 4 als „Anknabbern" eines Zehners interpretieren. **2, 3** Aufgaben auf eigenen Wegen lösen, mündlich beschreiben und soweit möglich notieren.

4 Beschreibt, wie die Kinder die Aufgaben gerechnet haben.

a) 48 – 21

Nico
48 – 21 =
40 – 20 = 20
8 – 1 = 7

Lea
48 – 21 =
48 – 20 = 28
28 – 1 = 27

b) 41 – 28

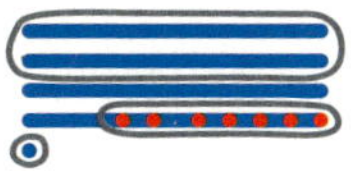

Anna
41 – 28 =
41 – 20 = 21
21 – 8 = 13

Isabelle
41 – 28 =
40 – 20 = 20
1 – 8 = – 7

c) 43 – 29

Alina
43 – 29 =
44 – 30 = 14

Paul
43 – 29 =

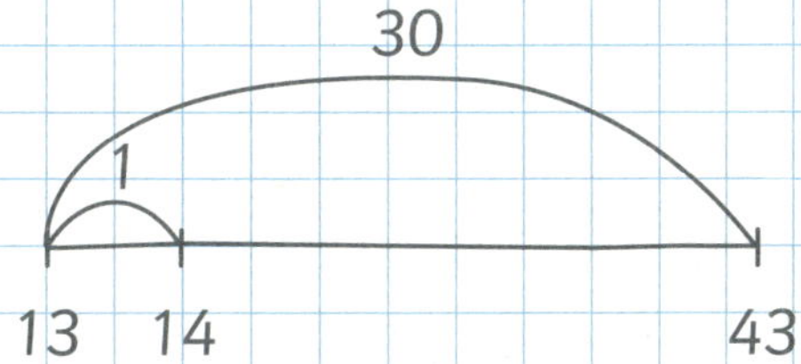

Kemal
43 – 29 =

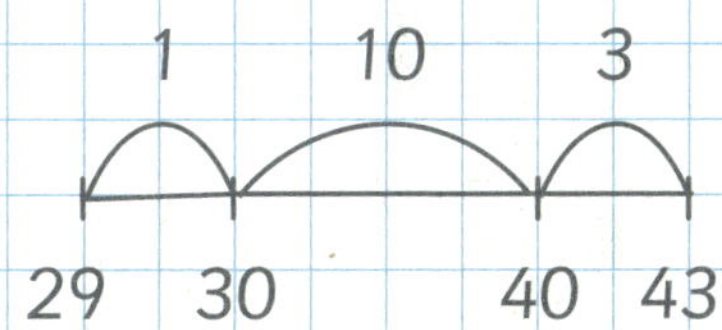

Probiere selbst.

5 a) 54 – 23 53 – 24 b) 87 – 34 84 – 37 c) 95 – 46 96 – 45 d) 77 – 66 76 – 67 e) 96 – 32 92 – 36 f) 99 – 88 98 – 89

6 a) 64 – 39 74 – 49 b) 68 – 39 69 – 38 c) 77 – 49 67 – 39 d) 86 – 58 76 – 38 e) 75 – 29 95 – 39 f) 99 – 74 89 – 64

7 Schöne Päckchen. Setze fort.

a)	b)	c)	d)	e)	f)
63 – 31	74 – 40	45 – 18	92 – 39	86 – 69	91 – 6
63 – 30	74 – 39	40 – 16	82 – 38	86 – 58	82 – 12
63 – 29	74 – 38	35 – 14	72 – 37	86 – 47	73 – 18
63 – 28	74 – 37	30 – 12	62 – 36	86 – 36	64 – 24
63 – 27	74 – 36	25 – 10	52 – 35	86 – 25	55 – 30

8 a) Ich denke mir eine Zahl.
Ich verdopple sie und erhalte 48. ?

b) Ich denke mir eine Zahl.
Ich halbiere sie und erhalte 48. ?

■ **4** Zuerst die Aufgaben selbst rechnen und im Klassengespräch vergleichen. **5–7** Rechenwege bewusst machen.
8 Direkt oder schrittweise lösen. Beispiel: Das Doppelte von 20 ist 40. Das ist zu wenig. Das Doppelte von 25 ist 50. Das ist zu viel. → Arbeitsheft, Seite 52

1 a)

			☐			
		☐		☐		
	☐		☐		☐	
5		10		15		20

b)

			72			
		36		☐		
	☐		☐		18	
9		☐		☐		☐

c)

			64			
		32		☐		
	16		☐		☐	
8		☐		☐		☐

d)

			100			
		32		☐		
	☐		☐		☐	
☐		4		16		☐

e)

			88			
		☐		35		
	☐		20		☐	
☐		☐		☐		8

f)

			99			
		☐		22		
	66		☐		☐	
☐		11		☐		☐

2 Trage jeweils die 10 Zahlen passend in eine Zahlenmauer ein. Probiere.

a) 29, 6, 8, 13, 11, 5, 18, 14, 25, 54

b) 39, 7, 6, 43, 1, 3, 4, 11, 54, 36

c) 55, 11, 20, 23, 6, 32, 5, 7, 12, 13

d) 16, 10, 37, 2, 11, 50, 13, 26, 1, 1

2a)

			54			
		29		25		
	18		11		14	
13		5		6		8

3 Erfindet selbst Zahlenmauern. Stellt euch gegenseitig Aufgaben wie in **2**.

4 a)

		100		
	☐		☐	
38		☐		12

Jasmin probiert mit Bleistift und Radiergummi.

b)

		80		
	☐		☐	
24		☐		36

c)

		57		
	☐		☐	
15		☐		20

d)

		48		
	☐		☐	
10		☐		14

e)

		55		
	☐		☐	
10		☐		23

5 Schöne Päckchen?

a)	b)	c)	d)	e)
90 – 35	80 – 8	90 – 9	54 – 24	40 – 9
81 – 27	72 – 16	81 – 18	63 – 28	36 – 12
72 – 21	64 – 24	72 – 27	72 – 32	32 – 15
63 – 14	56 – 32	63 – 36	80 – 36	28 – 18
54 – 7	48 – 40	55 – 54	90 – 40	25 – 21

■ **1** Übungsformat „Zahlenmauern" wiederholen. **2** Zur Lösung Zahlbeziehungen (Größe der Zahlen berücksichtigen) nutzen. **3** Eigene Mauern zerschneiden und zum Zusammenbau weitergeben. **4** Durch systematisches Probieren lösen (evtl. KV nutzen). → Arbeitsheft, Seite 53 → Probieren und Kombinieren 2, Seite 13

1

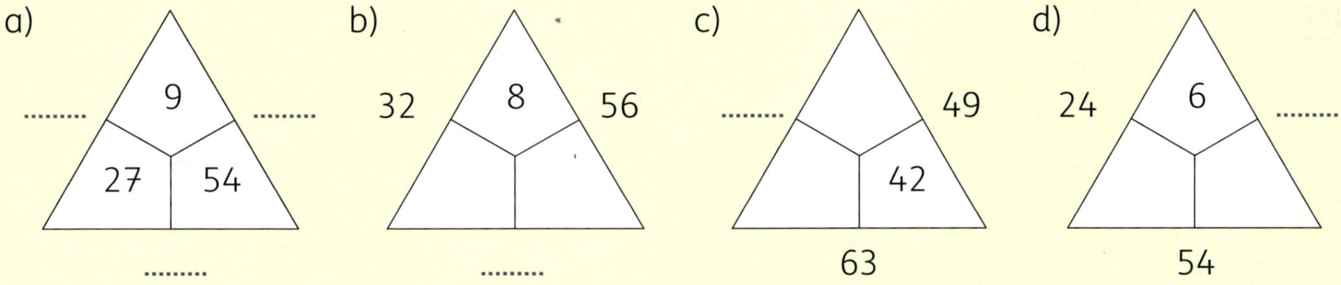

2 Trage jeweils die 6 Zahlen passend in ein Rechendreieck ein. Probiere.

a) 5, 14, 17, 19, 22, 31

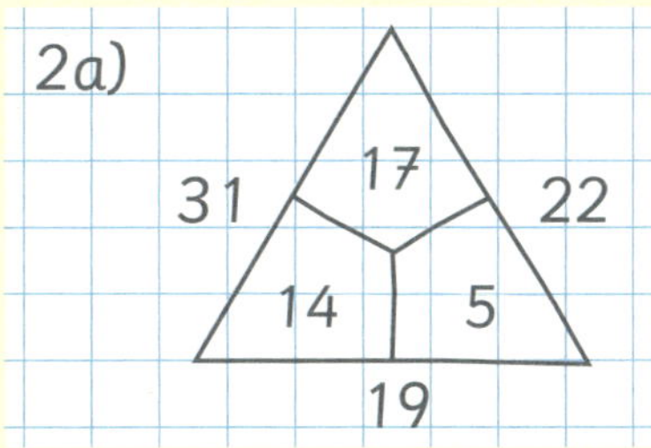

b) 18, 21, 35, 39, 53, 56

c) 7, 14, 21, 28, 35, 42

d) 7, 18, 25, 39, 46, 57

e) 9, 19, 28, 29, 38, 48

f) 3, 13, 16, 23, 26, 36

3 Erfindet eigene Rechendreiecke. Stellt euch gegenseitig Aufgaben wie in **2**.

4 a)

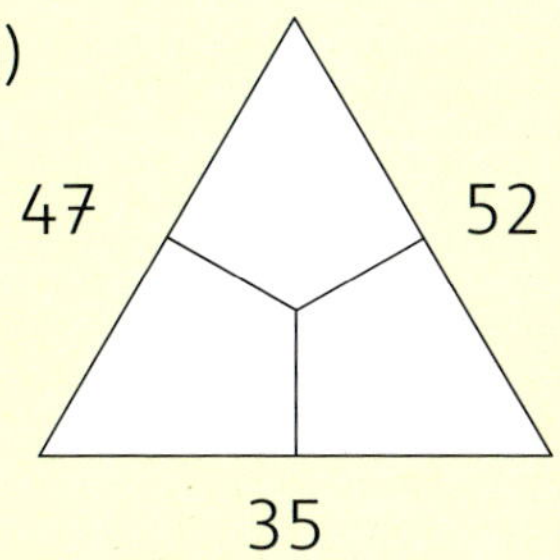

Noah probiert mit klein geschriebenen Zahlen.

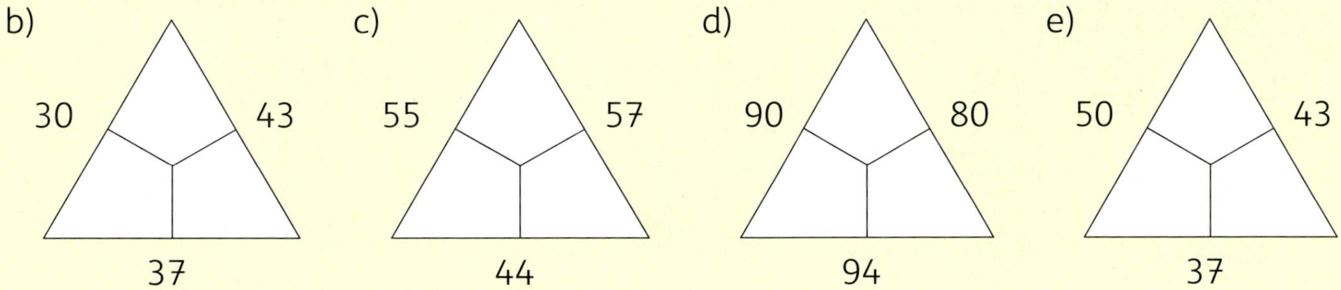

5 Schöne Päckchen. Beschreibe das Muster. Setze fort.

a)	b)	c)	d)	e)
99 – 11	66 – 55	70 – 35	54 – 30	72 – 38
88 – 22	72 – 50	71 – 34	60 – 35	76 – 42
77 – 33	78 – 45	72 – 33	66 – 40	80 – 46
66 – 44	84 – 40	73 – 32	72 – 45	84 – 50

■ **1** Übungsformat „Rechendreiecke" wiederholen. **2** Zur Lösung Zahlbeziehungen nutzen. **3** Aus eigenen Rechendreiecken Aufgaben analog **2** bilden. **4** Durch systematisches Probieren lösen (evtl. KV nutzen).

→ Arbeitsheft, Seite 54 → Probieren und Kombinieren 2, Seite 9

In den ersten 20 Jahren wächst eine Tanne durchschnittlich 13 cm pro Jahr, eine Fichte 31 cm pro Jahr.

1 a) In ungefähr welchem Jahr erreicht eine Tanne eine Höhe von 50 cm?

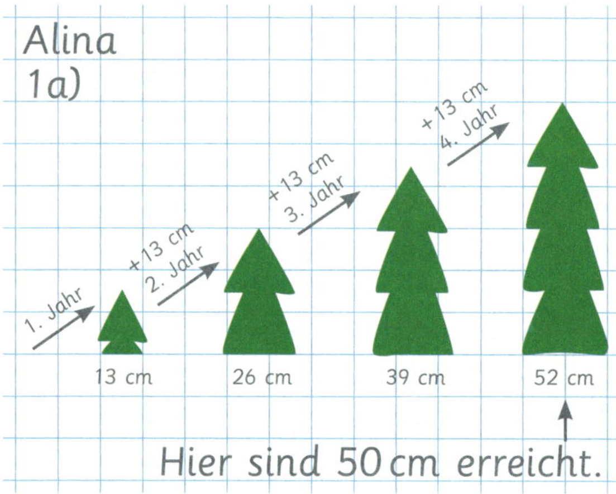

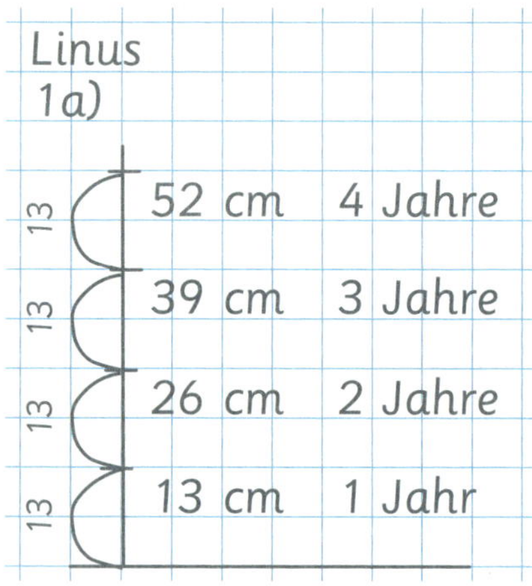

Ecrin 1a)

13 + 13 = 26

13 + 13 + 13 = 39

13 + 13 + 13 + 13 = 52

Nach 4 Jahren misst die Tanne 52 cm.

b) In ungefähr welchem Jahr erreicht eine Tanne die Höhe von 100 cm?

2 a) In ungefähr welchem Jahr erreicht eine Fichte die Höhe von 50 cm?

b) In ungefähr welchem Jahr erreicht eine Fichte die Höhe von 100 cm?

3 Eine Treppe hat 5 Stufen. Jede Stufe ist 18 cm hoch. Zeichne eine Skizze. ?

4 Ein Zug besteht aus 5 Wagen. Jeder Wagen ist 22 m lang. Zeichne eine Skizze. ?

■ **1** Sachaufgaben mithilfe von Skizzen gemeinsam lösen (Mathekonferenz). **2** Analog zu **1** lösen.

Borussia Dortmund
Werder Bremen
2 : 0

	Spiele	Siege	Unentschieden	Niederlagen	Tore	Punkte
1. Borussia Dortmund	30	21	6	3	62:18	69
2. Bayer 04 Leverkusen	30	18	7	5	60:40	61
3. Bayern München	30	16	7	7	66:36	55
4. Hannover 96	30	17	3	10	42:40	54
5. Mainz 05	30	15	3	12	44:37	48
6. 1. FC Nürnberg	30	13	7	10	45:38	46
7. Hamburger SV	30	12	7	11	44:45	43
8. SC Freiburg	30	12	5	13	38:44	41

1 a) Was bedeuten die Zahlen?

b) Welche Beziehungen entdeckst du bei den Zahlen in der Tabelle?

1b) 21 + 6 + 3 = 30
18 + 7 + 5 = 30

1b) 21 + 21 + 21 + 6 = 69
18 + 18 + 18 + 7 = 61

2 Grundschule Rosental

Klasse	1a	1b	2a	2b	3a	3b	4a	4b
Schülerzahl	26	24	22	23	27	28	25	25

a) In welcher Klasse sind die meisten Kinder?

b) Wie viele Kinder sind im ersten, zweiten, dritten und vierten Schuljahr? Lege eine Tabelle an.

2b)

1. Schuljahr	50
2. Schuljahr	

3 Wie viele Unterrichtsstunden hast du an jedem Tag? Lege eine Tabelle an. Zeichne ein Schaubild.

3) Tabelle

Tag	Mo	Di
Stunden	5	4

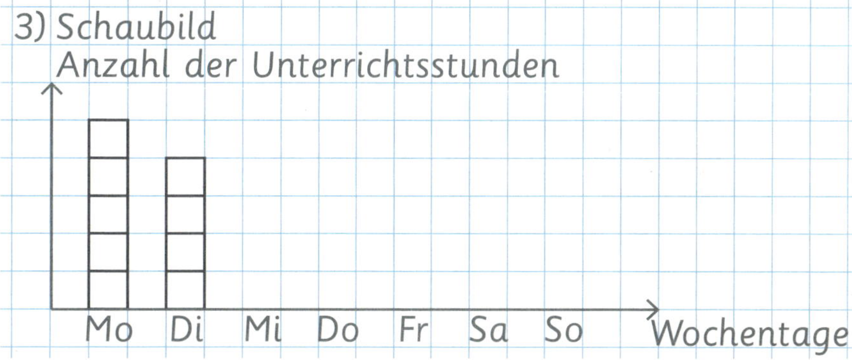

■■ **1** Sachsituation klären und Aufgaben gemeinsam lösen. Auf andere Bedeutung des Doppelpunktes als Trennung zwischen zwei Zahlen hinweisen. **2, 3** Zu anderen Sachsituationen Tabellen und Schaubilder zeichnen.
→ Arbeitsheft, Seite 55

1 Rechne die Aufgaben im Kopf.

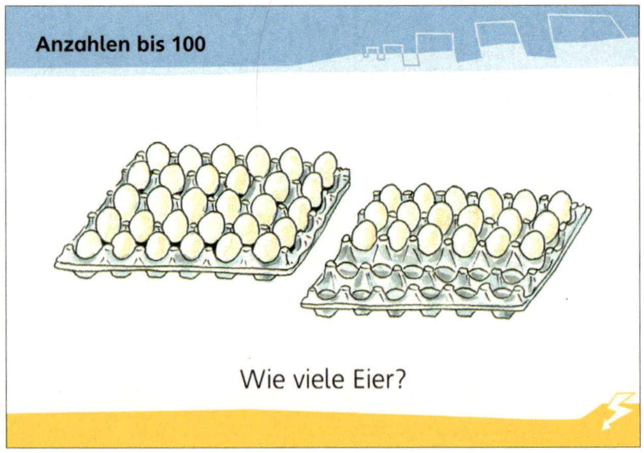

Stellt euch selbst solche Aufgaben.

2

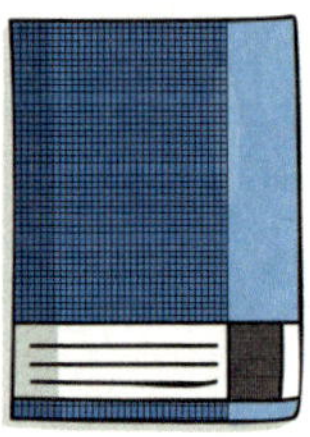

1 Heft
50 Cent

2 Hefte
? Euro

3

1 Karte
35 Cent

2 Karten
? Cent

4

Zusammen
? Müsliriegel

5

Zusammen
? Eiskugeln

6

Preis:	gegeben:	zurück:
 60 Cent		? Cent

7

Preis:	gegeben:	zurück:
 35 Cent		? Cent

1–7 Aufgaben mit einem Partner besprechen und dann im Kopf lösen. Gegenseitig weitere ähnliche Aufgaben stellen.
→ Arbeitsheft, Seite 56

8 Wie viel Euro?

9 Wie viel Cent?

10 Wie spät ist es?

a)

b)

11 Wie lang ist der Igel?

12 Wie viel fehlt zu 1 Euro?
99 ct, 87 ct, 20 ct, 58 ct

13 Wie viel fehlt zu 50 Cent?
49 ct, 38 ct, 27 ct, 41 ct

14 Wie viel fehlt zu 1 Meter?
87 cm, 76 cm, 59 cm, 61 cm

15 Wie viel fehlt zu 1 Stunde?
54 min, 46 min, 38 min, 59 min

16 In gleiche Teile teilen.

a)

1 €	
2 mal	50 ct
4 mal	**?** ct
5 mal	**?** ct
10 mal	**?** ct

b)

1 m	
2 mal	**?** cm
5 mal	**?** cm
10 mal	**?** cm

c)

30 min	
2 mal	**?** min
3 mal	**?** min
5 mal	**?** min
6 mal	**?** min
10 mal	**?** min

d)

1 h	
2 mal	**?** min
3 mal	**?** min
4 mal	**?** min
5 mal	**?** min
6 mal	**?** min
10 mal	**?** min

17 Wie viel Cent?
1 ct weniger als 1 €
10 ct weniger als 1 €
1 ct mehr als 1 €
3 ct weniger als 1 €

18 Wie viele Minuten?
1 min weniger als 1 h
10 min weniger als 1 h
1 min mehr als 1 h
3 min weniger als 1 h

■ **8–18** Aufgaben mit einem Partner besprechen und dann im Kopf lösen. Evtl. Geldbeträge mit Rechengeld legen, Zeiten an Lernuhr einstellen, Längen am Maßband zeigen. Sich gegenseitig weitere Aufgaben stellen. Vor Behandlung der Aufgaben über die Zeit muss das Miniprojekt „Zeit" (Seiten 122 - 125) bearbeitet worden sein. → Arbeitsheft, Seite 57 → Grundlegung Sachrechnen im Kopf 1/2, Basiskurs Größen

Einmaleins-Tafel

1 Beschreibe die einfachen Aufgaben und rechne sie mündlich.

a) (grün) b) (hellblau) c) (gelb) d) (rot)

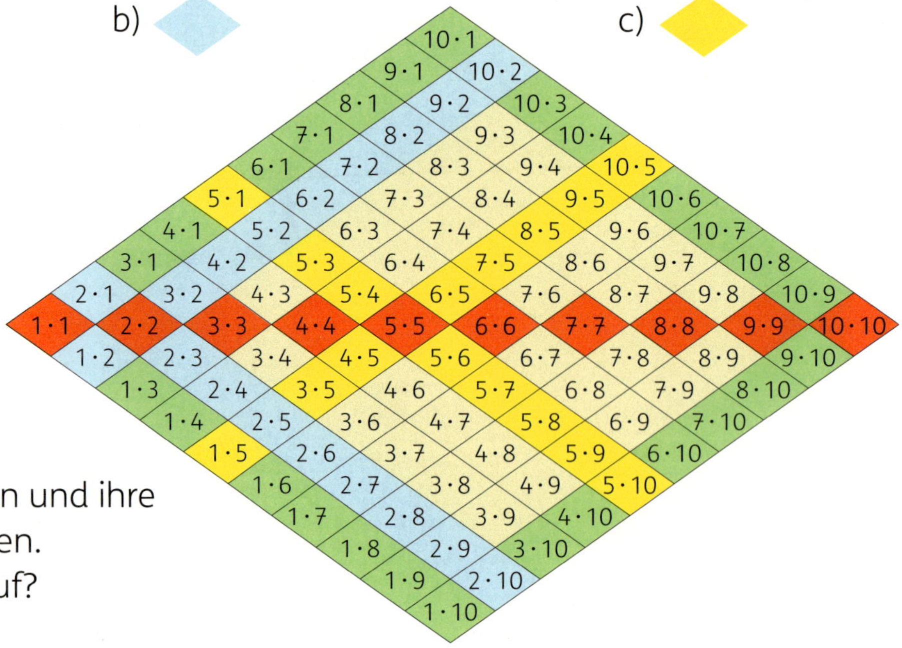

2 Zeige Aufgaben und ihre Tauschaufgaben. Was fällt dir auf?

3 Wie rechnen die Kinder die Aufgabe 8 · 7 ?
Welche einfachen Aufgaben benutzen sie?

Louis
70 – 14

Ben
64 – 8

Mia 8 · 7 = 7 · 8
40 + 16

Emilia
49 + 7

4 Rechne zu jeder Aufgabe vorher eine farbige Nachbaraufgabe.

a) 9 · 6
7 · 6
8 · 6
4 · 8
3 · 7

Leon
4a) 9 · 6 =
10 · 6 = 60

Marie
4a) 9 · 6 =
9 · 5 = 45

b) 9 · 7
8 · 7
6 · 9
7 · 3
6 · 4

c) 7 · 8
3 · 9
9 · 4
7 · 4
8 · 3

5 Rechne leichte Aufgaben zuerst.

a) 3 · 4
4 · 4
4 · 3
4 · 2
3 · 2

b) 5 · 7
6 · 7
6 · 8
5 · 9
5 · 8

c) 9 · 8
9 · 9
9 · 10
8 · 9
8 · 8

6 Rechne ebenso.

a) 4 · 9
3 · 9
3 · 8
2 · 8
2 · 7

b) 9 · 9
8 · 8
8 · 9
7 · 9
7 · 10

7

2 · 0
0 · 2
0 · 0

8 Vergleiche immer die Aufgabenpaare. Was fällt die auf? Begründe.

a) 8 · 4, 8 · 2
b) 8 · 4, 4 · 4
c) 6 · 3, 3 · 3
d) 8 · 10, 4 · 10
e) 4 · 10, 4 · 5
f) 10 · 8, 5 · 8
g) 8 · 7, 4 · 7

1, 2 Erste Orientierung an der Einmaleins-Tafel. Kernaufgaben mündlich rechnen. **3** Zuerst 8 · 7 selbst rechnen. Dann die verschiedenen Rechenwege der Kinder besprechen und benutzte Malaufgaben an der Tafel zeigen. **4–6** Aufgaben aus Kernaufgaben erschließen. **7** Malnehmen mit der Null besprechen. **8** Beziehungen zwischen den Aufgaben jedes Paares beschreiben und daraus Beziehungen zwischen den Ergebnissen herleiten. → Arbeitsheft, Seite 58

1 Wie verändern sich die erste und die zweite Zahl bei den Aufgaben?

1 · 3 | 2 · 4 | 3 · 5 | 4 · 6 | 5 · 7 | 6 · 8 | 7 · 9 | 8 · 10

2 a) Suche die Aufgabenpaare auf der Einmaleins-Tafel.
Wie wurden die Aufgaben gebildet? Beschreibe und setze fort.

2 · 2	3 · 3	4 · 4	5 · 5	6 · 6	7 · 7
1 · 3	2 · 4	3 · 5	4 · 6	5 · 7	6 · 8

b) Rechne aus. Was fällt dir auf? Beschreibe.

c) Verschiebe den Malwinkel am Hunderterfeld immer von der ersten zur zweiten Aufgabe.
Wie viele Punkte verlierst du in der untersten Zeile?
Wie viele Punkte gewinnst du in der rechten Spalte?

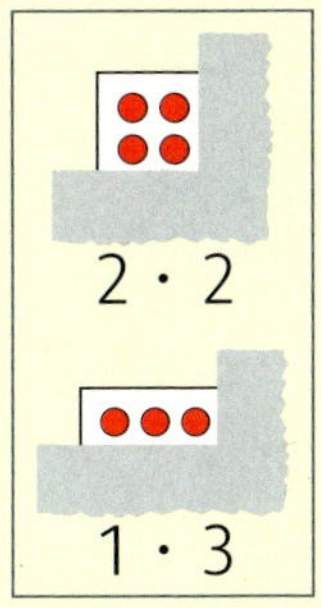

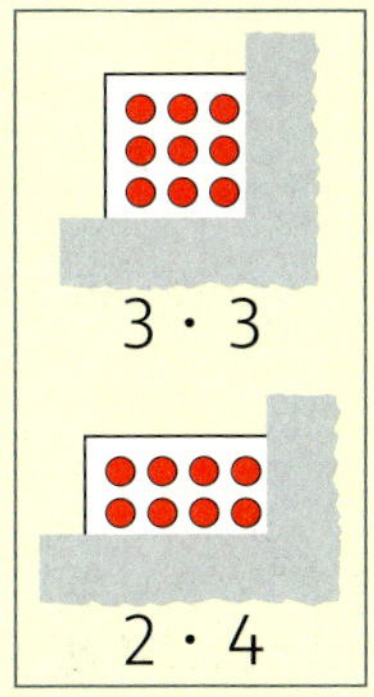

3 Rechne ebenso.

a)

2 · 3	3 · 4	4 · 5	5 · 6	6 · 7	7 · 8
1 · 4	2 · 5	3 · 6	4 · 7	5 · 8	6 · 9

b)

4 · 0	5 · 1	6 · 2	7 · 3	8 · 4	9 · 5
3 · 1	4 · 2	5 · 3	6 · 4	7 · 5	8 · 6

Blitzrechnen: Einmaleins

Malaufgabe zeigen und nennen.

Aufgabe im Kopf rechnen.

■ **1** Gemeinsam an der Einmaleins-Tafel mündlich bearbeiten. **2** Begründung des Musters an Punktfeldern gemeinsam erarbeiten (s. nebenstehende Beispiele für das erste und zweite Aufgabenpaar). **3** Aufgaben analog zu **2** selbstständig bearbeiten. → Arbeitsheft, Seite 58 ⚡ Zur Grundlegung und zum weiteren regelmäßigen Üben Einmaleins-Tafel (Umschlag) benutzen.

1 Wie verändern sich in den Spalten der Einmaleins-Tafel die Aufgaben von oben nach unten? Beschreibe.

2 a) Suche die Aufgabenpaare auf der Einmaleins-Tafel. Beschreibe und setze fort.

8 · 1	7 · 2	6 · 3	5 · 4	4 · 5
9 · 2	8 · 3	7 · 4	6 · 5	5 · 6

b) Rechne aus. Was fällt dir auf? Beschreibe.

c) Zeige die Aufgaben jedes Paares am Hunderterfeld. Verschiebe den Malwinkel am Hunderterfeld immer von der ersten zur zweiten Aufgabe. Wie viele Punkte kommen jeweils hinzu?

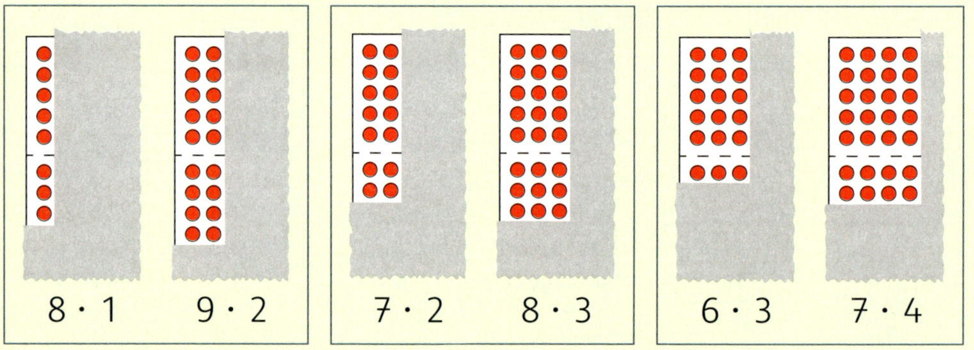

3 Rechne ebenso. Setze fort.

a)

9 · 1	8 · 2	7 · 3	6 · 4	5 · 5	4 · 6
10 · 2	9 · 3	8 · 4	7 · 5	6 · 6	5 · 7

b)

9 · 2	8 · 3	7 · 4	6 · 5	5 · 6	4 · 7
10 · 3	9 · 4	8 · 5	7 · 6	6 · 7	5 · 8

c)

9 · 3	8 · 4	7 · 5	6 · 6	5 · 7	4 · 8
10 · 4	9 · 5	8 · 6	7 · 7	6 · 8	5 · 9

d)

7 · 1	6 · 2	5 · 3	4 · 4	3 · 5	2 · 6
9 · 3	8 · 4	7 · 5	6 · 6	5 · 7	4 · 8

■ **1** Gemeinsam an der Einmaleins-Tafel mündlich bearbeiten. **2** Begründung des Musters an Punktfeldern gemeinsam erarbeiten (s. nebenstehende Beispiele). **3** Aufgaben analog zu **2** selbstständig bearbeiten.
→ Probieren und Kombinieren 2, Seiten 18 – 21

1 Spierenstich

Der Spierenstich wird zum sicheren Verbinden von zwei Seilen verwendet.

1.

2.

3.

4.

2 Kreuzknoten

Mit dem Kreuzknoten können Wunden vernäht werden.

1.

2.

3.

4.

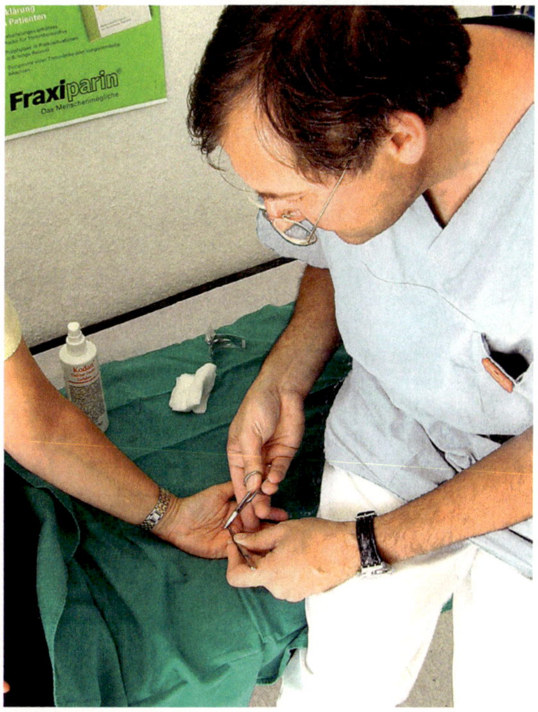

■ Fortsetzung der Knotenschule aus Klasse 1 mit Spierenstich und Kreuzknoten. Verwendung der Knoten beim Bergsteigen und beim Nähen von Schnittwunden besprechen.

1 Leo geht zur Schule. Zeige folgende Wege:

a) Er geht zuerst Richtung Kirche . Bei der zweiten Kreuzung biegt er links ab.

b) Er geht in Richtung Taxistand . Bei der zweiten Kreuzung biegt er rechts ab.

c) Er geht in Richtung Schwimmbad . An der ersten Kreuzung biegt er rechts ab.

Beim Gasthof  biegt er links ab.

d) Wie kann Leo noch gehen? Beschreibe.

■ **1** Auf dem Plan Wege nachgehen und finden.

2 a) Zeige und beschreibe, wie Eva zum Spielplatz  gehen kann.

b) Wie viele Wegstücke muss sie immer gehen, wenn sie keinen Umweg macht?

c) Wie viele verschiedene Wege zum Spielplatz kann sie gehen? Zeige.

3 a) Zeige und beschreibe, wie Ina zur Kirche  gehen kann.

b) Wie viele Wegstücke muss sie immer gehen, wenn sie keinen Umweg macht?

4 Wie viele Wegstücke braucht das Taxi a) zum See , b) zum Zoo , c) zur Burg , d) zum Sportplatz ?

5 Das Taxi fährt: vom See zur Burg, am Sportplatz vorbei.
vom See zur Burg, am Krankenhaus vorbei.
vom See zur Burg, an der Tankstelle vorbei.
Suche jeweils einen kurzen Weg.

Forschen und Finden

6 Das Taxi fährt immer 5 Wegstücke. Wohin kann es gelangen?

7 a) Leo kann auf 6 verschiedenen Wegen zur Schule gehen, wenn er keinen Umweg macht.
Zeichne einen Plan ins Heft und trage alle Wege ein.

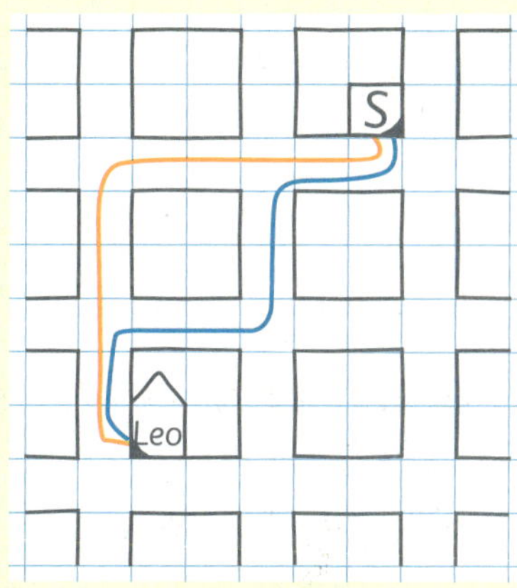

b) Auf wie vielen verschiedenen Wegen kann Ina zur Schule gehen?

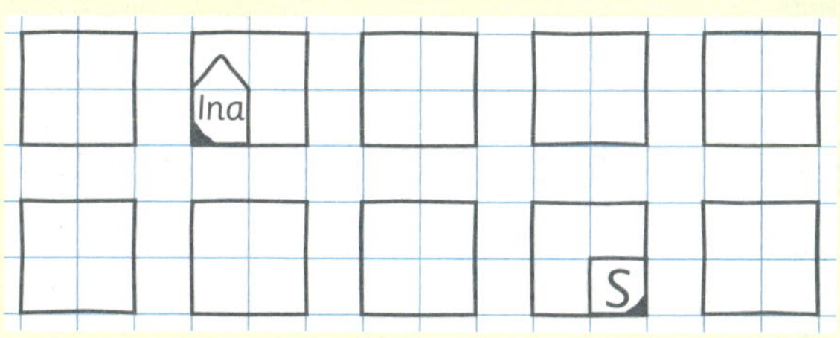

c) Finde und löse ähnliche Aufgaben.

Welche Sachaufgaben rechnen die 7 Kinder?

1 Vater geht mit 3 Kindern in die Eisdiele. Alle wählen eine Waffel mit 2 Kugeln. Eine Kugel kostet 1 Euro. **?**

2 Eine Viererkarte für den Bus kostet 12 Euro. **?**

3 Sascha kauft ein Buch für 28 Euro. Er bezahlt mit einem 20-Euro-Schein und einem 10-Euro-Schein. **?**

4 Nele ist 4 Jahre alt. Ihre Cousine ist 12 Jahre älter. **?**

5 Mutter bezahlt an der Tankstelle 28 Euro für Benzin und 18 Euro für Motorenöl. **?**

6 Eine Fahrkarte für Erwachsene kostet 28 Euro. Kinder bis 12 Jahre zahlen die Hälfte. **?**

7 Im Speisesaal sind 30 Plätze. 2 Plätze sind frei. **?**

■ **1–7** Zu den Sachaufgaben Fragen stellen, den Rechnungen der Kinder zuordnen und lösen.

1 Findet passende Fragen und beantwortet sie.

Lilli geht an 5 Tagen
in der Woche
je 4 Stunden
in den Kindergarten.
Lea

Ein Löwe springt 4 Meter weit.
Er macht 5 Sprünge.

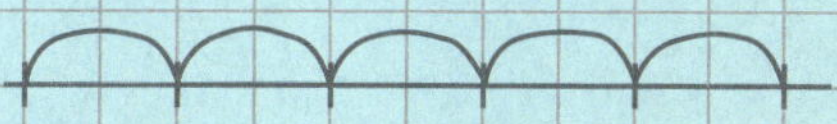

Luise

Jonas

Mutter backt zum
Kindergeburtstag
5 runde Pizzen und
teilt jede in 4 Teile.

Niko

Vater legt 5 Viererpackungen
Joghurt in den Einkaufswagen.

Ben

5 Kinder kaufen zusammen ein
Geschenk. Jeder gibt 4 Euro.
Emma

Findet selbst Aufgaben zu 5 · 4.

2 Frau Schulze, die Klassenlehrerin der Klasse 2b, gibt in der Woche 2-mal 6 Stunden und 3-mal 5 Stunden Unterricht.

Welche Fragen kannst du beantworten?

a) Wie viele Kinder sind in der Klasse?

b) Wie viele Stunden unterrichtet Frau Schulze in der Woche?

c) Wie viele Klassen gibt es in der Schule?

d) An wie vielen Tagen unterrichtet Frau Schulze in der Woche?

e) Wie viele Stunden in der Woche hat die Klasse 2b Unterricht?

■ 1 Sachaufgaben lesen, passende Fragen finden und Rechnungen bilden (Mathekonferenz).

1 Frau Müller kauft eine Fahrkarte. ?

Normalfahrt **Erw.** Tram BUS S Zug
Euro **2.00**

Fahrpreise

Erwachsene	*Euro*
Kurzstrecke	1,50
Normalstrecke	2,00
5 Fahrten	9,00
Kinder	*Euro*
Kurzstrecke	0,80
Normalstrecke	1,00
5 Fahrten	4,50

Wie teuer sind die Fahrpreise in deinem Wohnort?

2 Amelie schreibt 10 SMS.
Jede SMS kostet 20 Cent. ?

3 Vater will 2 Stunden parken. ?

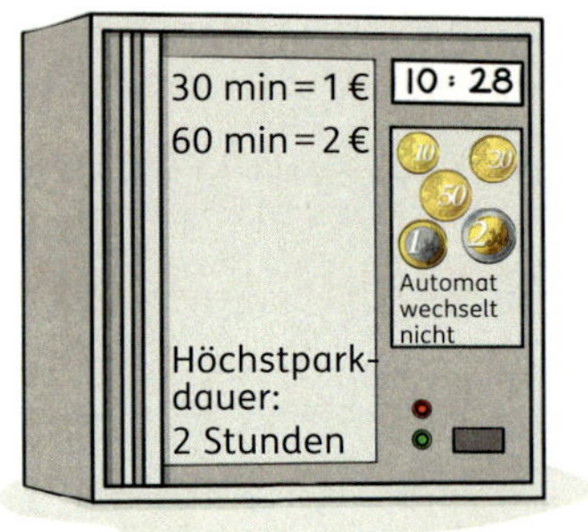

Wie teuer sind die Parkgebühren in deinem Wohnort?

4 a) Fabian hat einen Brief an seinen Opa geschrieben.

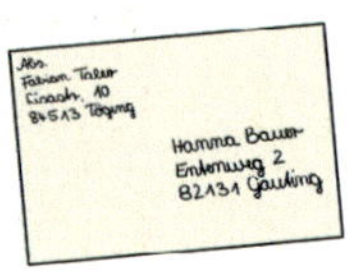

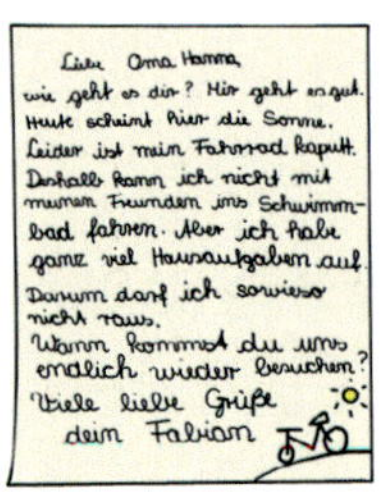

b) Alina verschickt eine Postkarte an Tante Moni.

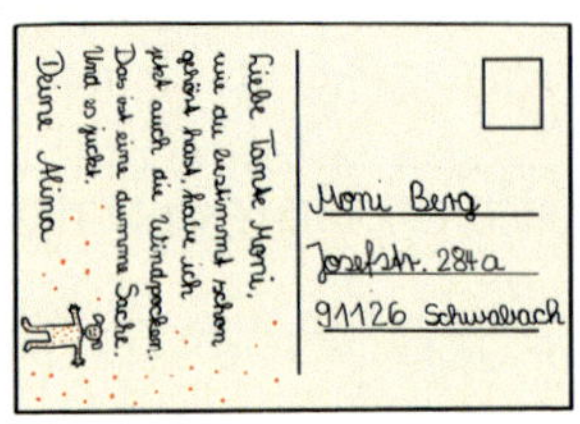

Erkundige dich bei der Post nach dem Porto.

1 Nutzung unterschiedlicher Tarife beim Verkehrsverbund besprechen. **1–4** Sachsituationen beschreiben, Automaten erläutern. Gebühren berechnen. Weitere Aufgaben finden und rechnen. Gebühren im eigenen Wohnort sammeln und besprechen. → Arbeitsheft, Seite 59

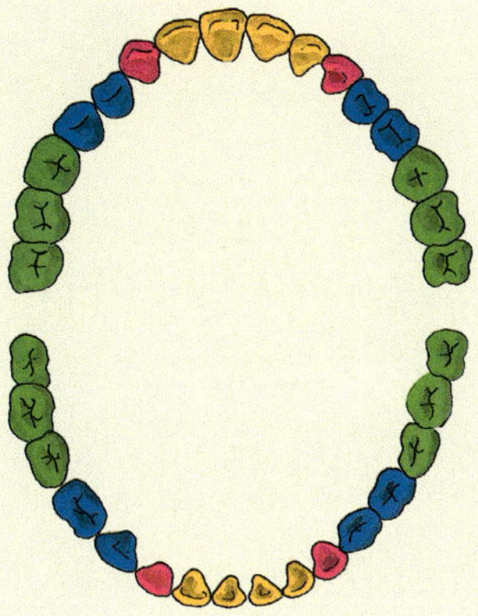

Mensch

3	2	1	2	2	1	2	3
3	2	1	2	2	1	2	3

Schneidezähne
Eckzähne
vordere Backenzähne
hintere Backenzähne

1 Der erwachsene Mensch hat 32 Zähne.
Erkläre die Rechnung.
Vergleiche mit der Zahntabelle.

1) oben $2 \cdot 8 = 16$
unten $2 \cdot 8 = 16$
zusammen $16 + 16 = 32$

2 Viele Tiere haben ein ähnliches Gebiss wie der Mensch.
Wie viele Zähne haben diese Tiere?

2a) $2 \cdot 7 = 14$
$2 \cdot 6 = 12$
$14 + 12 = 26$

a) Elefant

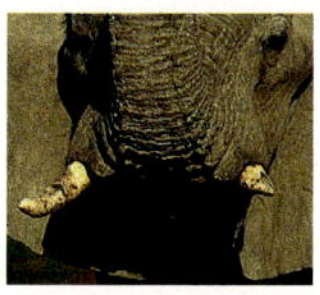

3	3	0	1	1	0	3	3
3	3	0	0	0	0	3	3

b) Tiger

1	3	1	3	3	1	3	1
1	2	1	3	3	1	2	1

c) Hund

2	4	1	3	3	1	4	2
3	4	1	3	3	1	4	3

d) Hausrind

3	3	0	0	0	0	3	3
3	3	1	3	3	1	3	3

e) Pferd

3	3	1	3	3	1	3	3
3	3	1	3	3	1	3	3

3 Vergleiche die Zahntabellen. Warum haben die Tiere so unterschiedliche Gebisse?
Überlege, was die Tiere fressen.

1–3 Struktur der Zahntabellen (oben - unten, links - rechts) analysieren. Anzahl der Zähne auf unterschiedlichen Wegen bestimmen und Gebisse vergleichen.

Forschen und Finden

1

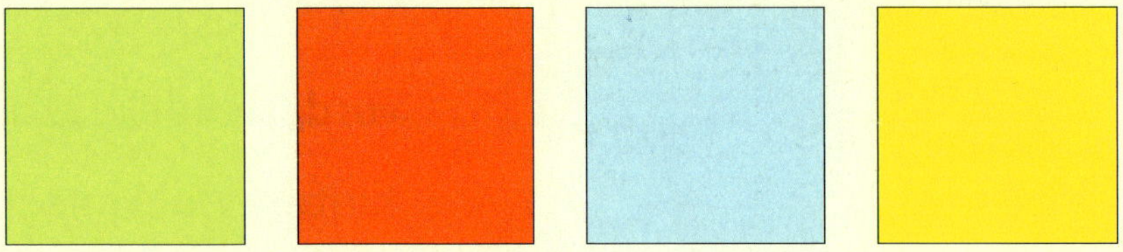

1. Falte jedes Quadrat zweimal diagonal.

2. Zerschneide in vier Dreiecke.

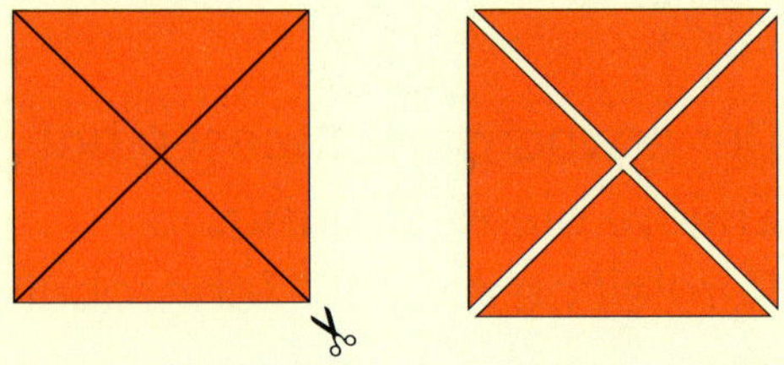

2 Lege aus den Dreiecken verschieden große Rechtecke.

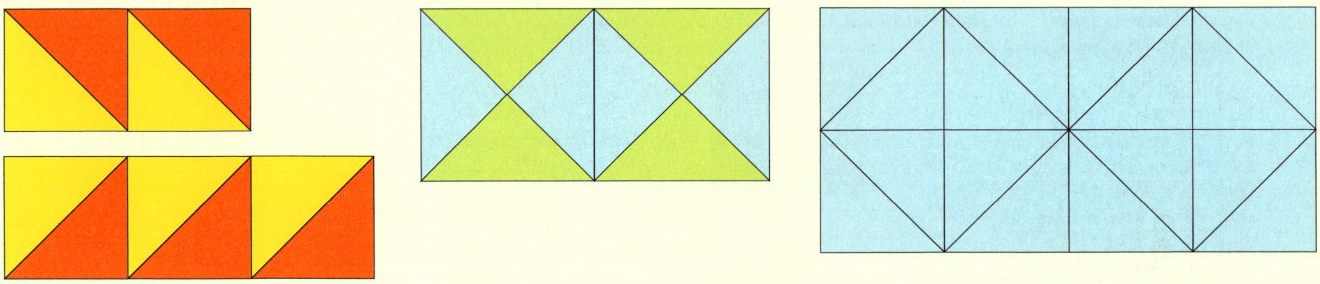

Wie viele Dreiecke werden jeweils benötigt?

3 Setze fort zu einem Sechseck.

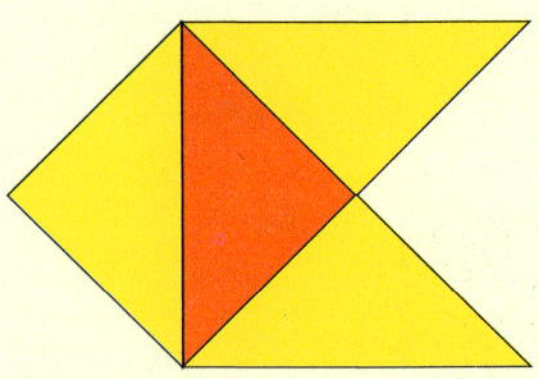

4 Setze fort zu einem Achteck.

5 Lege Quadrate
a) mit 2 Dreiecken, b) mit 4 Dreiecken,
c) mit 8 Dreiecken, d) mit 16 Dreiecken.

6 Lege Dreiecke
a) mit 2 Dreiecken, b) mit 4 Dreiecken, c) mit 8 Dreiecken, d) mit 9 Dreiecken,
e) mit 16 Dreiecken.

7 Finde weitere Figuren.

1 Faltung laut Beschreibung handelnd erarbeiten. **3–4** Legungen fortsetzen. Figuren schließen sich.
7 Raum für kreative Fantasie.

Würfel falten

Du brauchst 6 Quadrate aus Papier.

1 Markiere durch Anfalten die Mitten der vier Seiten.

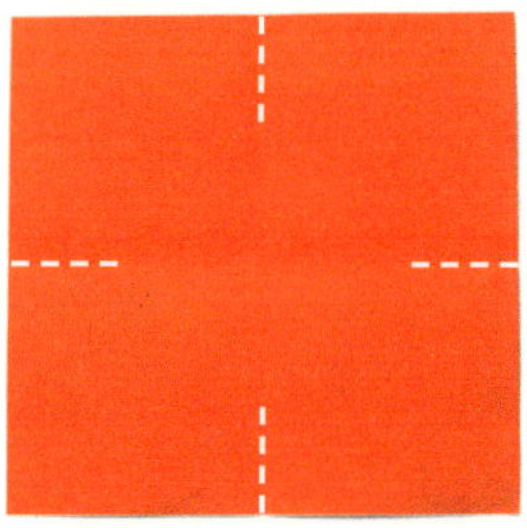

2 Falte einen Schrank.

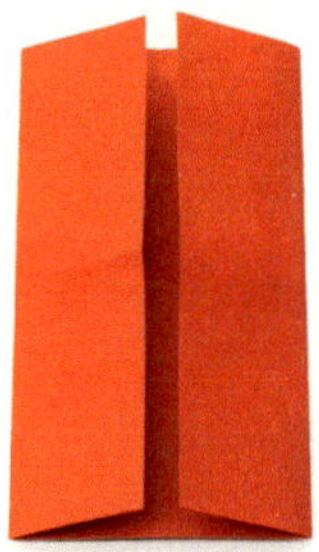

3 Falte die untere und obere Seite des Schrankes zur Mitte hin.

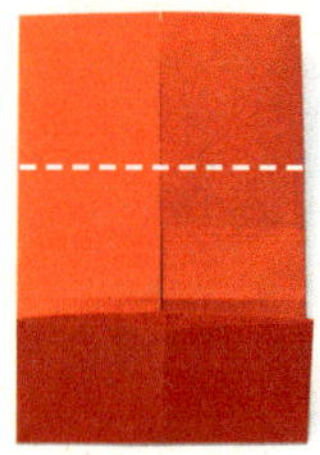

4 Falte auf zu einer „U-Form“ mit zwei Laschen.

5 Stelle fünf weitere „U-Formen“ her.

6 a) Lege zuerst den Boden (gelb) und schiebe die rechte und linke „U-Form“ (blau) hinein.

b) Hole die hintere und vordere „U-Form“ (rot) heran und schiebe die Laschen nach innen.

7 Setze den Deckel (gelb) auf. Die Laschen verschwinden dabei im Würfel.

■ Die Kinder können sich gegenseitig gut helfen. Kleine Klebepunkte an den fertigen Laschen erleichtern das Zusammenfügen der sechs Module zu einem Würfel.

Zahlenmuster

1 Finde viele Aufgaben mit dem Ergebnis 36.

1 + 2 + 3 + 4 + 5 + 6 + 7 + 8

6 · 6

35 + 1

5 · 5 + 11

11 + 12 + 13

40 – 4

72 : 2

27 + 9

Liebe Mama!
Herzliche Glückwünsche
zu deinem 36. Geburtstag.
Deine Leonie

2 Finde möglichst viele Aufgaben mit dem Ergebnis.
a) 25 b) 24 c) 40 d) 50 e) 60 f) 0

3 Schöne Päckchen.

a)	b)	c)	d)	e)	f)
27 + 28	28 + 37	87 + 8	87 – 19	93 – 5	53 – 34
29 + 28	29 + 36	77 + 18	88 – 20	83 – 15	51 – 33
31 + 28	30 + 35	67 + 28	89 – 21	73 – 25	49 – 32
33 + 28	31 + 34	57 + 38	90 – 22	63 – 35	47 – 31
35 + 28	32 + 33	47 + 48	91 – 23	53 – 45	45 – 30

4 Schöne Päckchen?

a)	b)	c)	d)	e)	f)
47 + 29	33 + 18	38 + 46	36 – 15	87 – 48	97 – 8
50 + 26	34 + 19	33 + 51	46 – 25	77 – 58	86 – 18
53 + 24	35 + 20	28 + 66	56 – 35	67 – 28	75 – 28
56 + 20	36 + 21	23 + 61	66 – 45	57 – 18	64 – 48
59 + 17	37 + 23	18 + 66	76 – 65	47 – 8	53 – 48

5 Geheime Botschaften.

4	5	18

9	7	5	12

12	9	5	2	20

26	1	8	12	5	14	13	21	19	20	5	18

Code:

A	B	C	D	E	F	G		
1	2	3	4	5	6	7		

a) Kannst du die Botschaft entschlüsseln?

b) Schreibt selbst geheime Botschaften. Erfindet dabei auch einen eigenen Code.

3, 4 Hier werden die Aufgaben systematisch gleichsinnig und gegensinnig verändert, mit Störungen bei **4**.
5 Es muss zuerst geklärt werden, was ein „Code" ist. Raum für kreative Fantasie.

6 Beginne bei jedem Aufgabenpaar mit der leichten Aufgabe.
Warum haben die Aufgabenpaare immer gleiche Ergebnisse?

a)

19 + 17 20 + 16	53 + 15 58 + 10	24 + 26 25 + 25	34 + 38 32 + 40	28 + 59 27 + 60

b)

41 – 17 44 – 20	55 – 19 56 – 20	89 – 16 83 – 10	85 – 21 84 – 20	76 – 49 77 – 50

c)

4 · 7 + 4 · 7 5 · 7 + 3 · 7	6 · 3 5 · 3 + 1 · 3	10 · 7 – 1 · 7 9 · 7	5 · 8 – 1 · 8 2 · 8 + 2 · 8	3 · 8 – 3 · 8 0 · 8

d) Finde weitere Aufgabenpaare mit dem gleichen Ergebnis.

7 Welche Zahlen fehlen? Überlege, ohne zu rechnen.

a) 19 + 17 = 17 + ...
28 + 15 = ... + 28
37 + 16 = 40 + ...
71 + 19 = 20 + ...

b) 26 + 37 = 30 + ...
0 + 23 = ... + 20
88 + 7 = 90 + ...
47 + 9 = ... + 48

c) 20 + ... = 55 + 19
50 + ... = 53 + 37
..... + 20 = 39 + 19
..... + 20 = 17 + 18

d) 37 – 19 = ... – 20
48 – 31 = ... – 30
41 – 18 = ... – 20
33 – 0 = ... – 10

e) 27 – 18 = 29 – .....
49 – 19 = 50 – .....
66 – 37 = ... – 40
78 – 39 = ... – 40

f) ..... – 20 = 55 – 19
73 – ..... = 71 – 48
97 – ..... = 90 – 60
..... – 32 = 47 – 30

8 Überlege, ohne zu rechnen.

a) 37 – 15 + 15
37 + 15 – 15
15 + 37 – 15
15 – 15 + 37

b) 59 + 37 – 36
59 – 36 + 37
37 + 59 – 36
37 – 36 + 59

c) 43 + 19 – 13
43 – 13 + 19
19 – 13 + 43
19 + 43 – 13

9 Jonas ist heute 8 Jahre alt, sein Vater 36 Jahre.
a) Wie viele Jahre ist der Vater älter als Jonas?
b) Wie alt sind beide in 5 Jahren?
c) Wie viele Jahre ist dann der Vater älter als Jonas?

Sofie hat 17 Euro, Enis hat 24 Euro.

10 a) Wie viel Euro hat Enis mehr?
b) Wie viel Euro haben sie zusammen?

11 Enis gibt Sofie 3 Euro ab.
a) Wie viel Euro hat Enis nun mehr?
b) Wie viel Euro haben sie zusammen?

■ **6, 7** Aufgaben zueinander in Beziehung setzen. Rechenvorteile nutzen. **8** Rechenvorteile bei Dreiersummen nutzen. **9–11** Lösungen besprechen. → Arbeitsheft, Seite 60 → Probieren und Kombinieren 2, Seiten 14–17

Gerade und ungerade Zahlen

1 Überprüfe. Gerade oder ungerade?

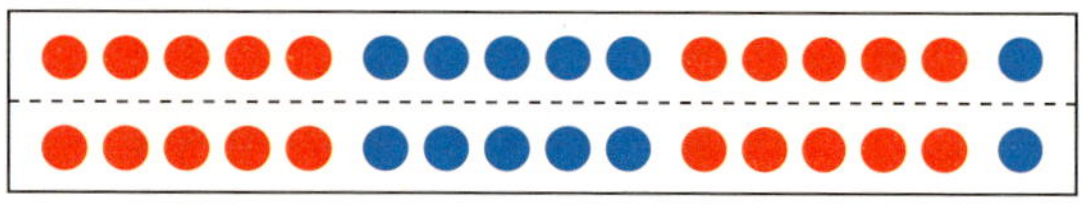

32 = 2 · 16 32 ist gerade

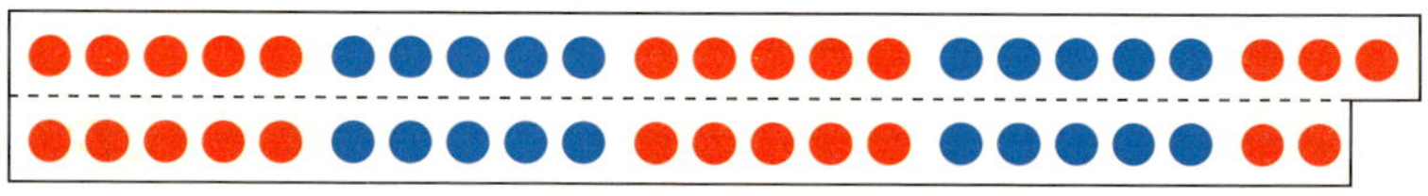

45 = 2 · 22 + 1 45 ist ungerade

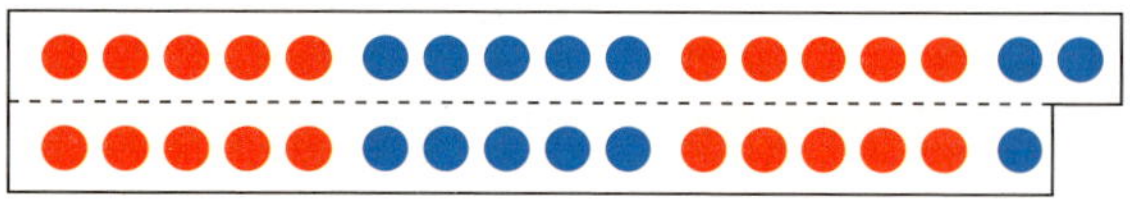

33 = 2 · 16 + 1 33 ist .....

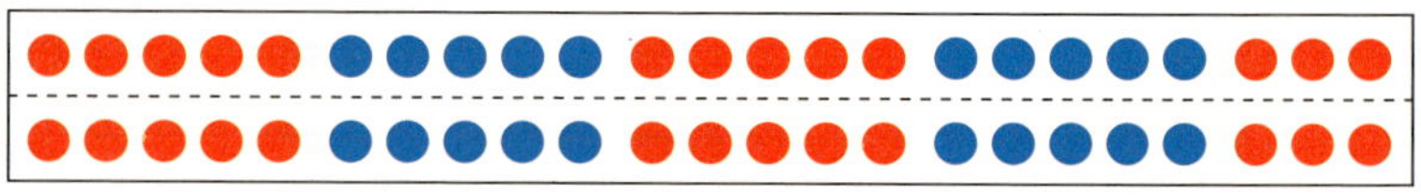

46 = ... 46 ist .....

2 Zerlege ebenso.

a) 20, 21, 22, 23, 24

b) 75, 76, 77, 78, 79

c) 60, 62, 64, 66, 68

d) 61, 63, 65, 67, 69

2a) 20 = 2 · 10 20 ist gerade

21 = 2 · 10 + 1 21 ist ungerade

22 = 2 · 11 22 ist

3 a) Warum wechseln sich in der Zahlenreihe gerade und ungerade Zahlen ab?

b) Welche Einerziffern haben gerade Zahlen, welche Einerziffern ungerade Zahlen?

4 Wo stehen die geraden und wo die ungeraden Zahlen auf deinen Buchseiten?

5 Wie sind gerade und ungerade Hausnummern in deiner Straße verteilt?

6 Zähle weiter.

a) 1, 3, 5, ..., 19 b) 51, 53, ..., 69 c) 99, 97, 95, ..., 81

d) 2, 4, 6, ..., 20 e) 50, 52, ..., 70 f) 100, 98, 96, ..., 80

7 a) Welche Einmaleinsreihen haben nur gerade Zahlen?

b) Welche Einmaleinsreihen haben nur ungerade Zahlen?

c) Wie sind gerade und ungerade Zahlen in den Einmaleinsreihen verteilt?

8 Lo Shu und ihre Verwandten. Berechne alle Dreiersummen.

			15
4	9	2	
3	5	7	
8	1	6	
15			

Lo-Shu-Quadrat

8	18	4	
6	10	14	
16	2	12	

Hier wurden alle Zahlen von Lo Shu verdoppelt.

5	10	3	
4	6	8	
9	2	7	

Hier wurde zu allen Zahlen von Lo Shu die Zahl 1 dazugezählt.

12	27	6	
9	15	21	
24	3	18	

24	54	12	
18	30	42	
48	6	36	

9	14	7	
8	10	12	
13	6	11	

a) Wo stehen in den Quadraten gerade, wo ungerade Zahlen?

b) Die Zahlen des vierten Quadrates sind immer das Dreifache von Lo-Shu. Wie entstehen die Zahlen im fünften und sechsten Quadrat?

c) Wie verändert sich bei allen Quadraten die magische Summe?

d) Stelle selbst Zauberquadrate her, indem du mit anderen Zahlen malnimmst oder andere Zahlen dazuzählst.

Srinivasa Ramanujan
1887 – 1920

Zauberquadrate erforschte auch der Mathematiker Srinivasa Ramanujan. Er wurde 1887 nahe der Großstadt Madras in Indien geboren. Seine Eltern waren sehr arm. Schon als Kind liebte er die Zahlen und spielte mit ihnen.
In der Schule war er in Mathematik ein Ass. Da er aber eine Aufsatz-Prüfung nicht schaffte, konnte er nicht auf die Universität gehen. So erforschte er für sich allein die Zahlenwelt und wurde ein weltberühmter Mathematiker.

8 Magische Quadrate ausrechnen und vergleichen. Selbst magische Quadrate herstellen. → Arbeitsheft, Seite 60

Zahlenmuster

1

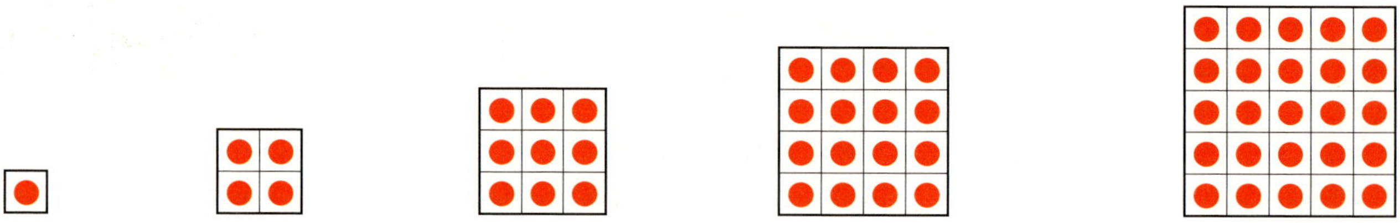

1 · 1	2 · 2	3 · 3	4 · 4	5 · 5
1	**4**	**9**	**16**	**25**

Zeichne und berechne die nächsten fünf Quadratzahlen.

2

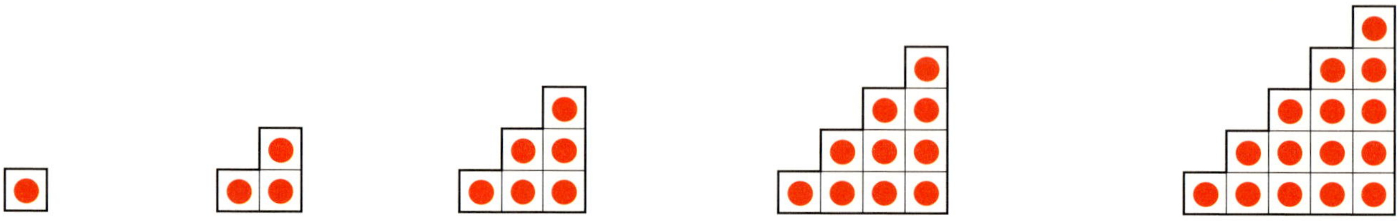

1	1 + 2	1 + 2 + 3	1 + 2 + 3 + 4	1 + 2 + 3 + 4 + 5
1	**3**	**6**	**10**	**15**

Zeichne und berechne die nächsten fünf Dreieckszahlen.

3 Plusaufgaben mit benachbarten Dreieckszahlen.

a)
1 + 3
3 + 6
6 + 10
10 + 15
15 + 21

b)
21 + 28
28 + 36
36 + 45
45 + 55

Was fällt dir auf?
Versuche es zu begründen.

4

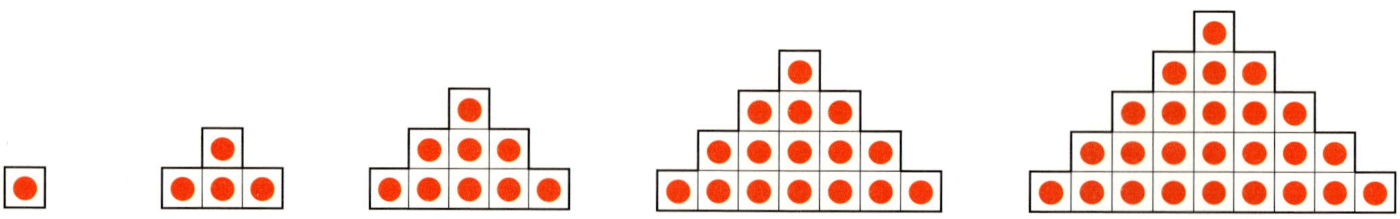

1	1 + 3	1 + 3 + 5	1 + 3 + 5 + 7	1 + 3 + 5 + 7 + 9
1	**4**	**9**	**16**	**25**

Berechne die Anzahl der Punkte in den nächsten fünf Treppen.
Beschreibe und begründe, was dir auffällt.

■ **1, 2** Quadrat- und Dreieckszahlen rechnerisch und zeichnerisch bestimmen. **3** Aufgabenstellung zuerst durch gemeinsames Berechnen der ersten Ergebnisse klären. Beziehung zu Quadratzahlen durch Zusammensetzen von Dreiecksmustern zu Quadraten begründen (s. Beispiel). **4** Zur Begründung Treppen in Dreiecke zerlegen. → Probieren und Kombinieren 2, Seiten 26–29

Forschen und Finden – Beschreiben und Begründen

1 Wähle je zwei Paare aufeinander folgender Zahlen.
Rechne immer **von oben nach unten** und **über Kreuz**.

3 4 / 6 7: $3 \cdot 6 + 4 \cdot 7 = 18 + 28 = 46$
$3 \cdot 7 + 4 \cdot 6 = 21 + 24 = 45$

2 3 / 6 7: $2 \cdot 6 + 3 \cdot 7 =$
$2 \cdot 7 + 3 \cdot 6 =$

5 6 / 8 9: $5 \cdot 8 + 6 \cdot 9 = 40 + 54 = 94$
$5 \cdot 9 + 6 \cdot 8 = 45 + 48 =$

9 10 / 3 4: $9 \cdot 3 + 10 \cdot 4 =$
$9 \cdot 4 + 10 \cdot 3 =$

Rechne mit mindestens 5 weiteren Paaren aufeinander folgender Zahlen.
Was fällt dir auf?

2 Begründe mit Punktefeldern.

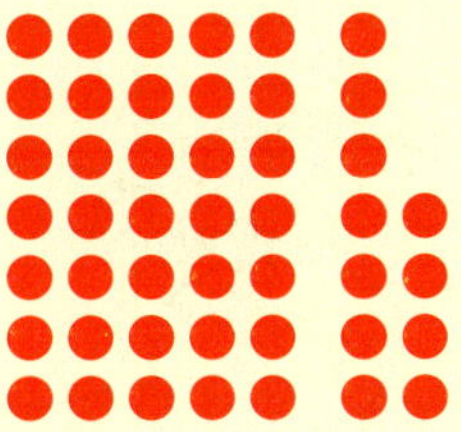

$3 \cdot 6 + 4 \cdot 7$

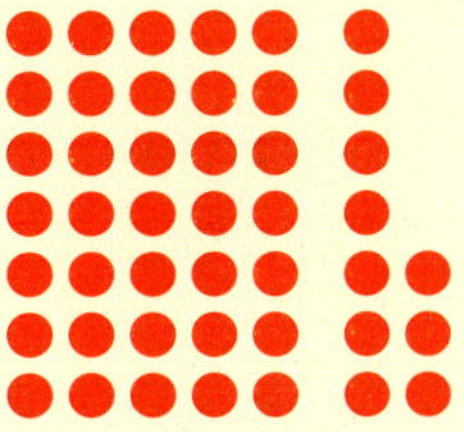

$4 \cdot 6 + 3 \cdot 7$

3 Wähle je zwei Paare von Zahlen mit Abstand 2.
Rechne immer von oben nach unten und über Kreuz.

7 9 / 5 7: $7 \cdot 5 + 9 \cdot 7 =$
$7 \cdot 7 + 9 \cdot 5 =$

3 5 / 6 8: $3 \cdot 6 + 5 \cdot 8 =$
$3 \cdot 8 + 5 \cdot 6 =$

2 4 / 8 10: $2 \cdot 8 + 4 \cdot 10 =$
$2 \cdot 10 + 4 \cdot 8 =$

5 7 / 4 6: $5 \cdot 4 + 7 \cdot 6 =$
$5 \cdot 6 + 7 \cdot 4 =$

Rechne weitere Aufgaben. Was fällt dir auf?

■ Aufgabenstellung zuerst am Beispiel erklären. Dann Kinder allein rechnen lassen. **2** Aufgaben mit Plättchen nachlegen und vergleichen (s. Beispiel). An den Darstellungen $3 \cdot 6 + 4 \cdot 7$ und $4 \cdot 6 + 3 \cdot 7$ ist ersichtlich, dass beim Übergang von der ersten zur zweiten Rechnung ein Plättchen verschwindet. **3** Analoge Forschung mit anderen Zahlenpaaren. Die Begründung erfolgt analog. → Probieren und Kombinieren 2, Seiten 22–25

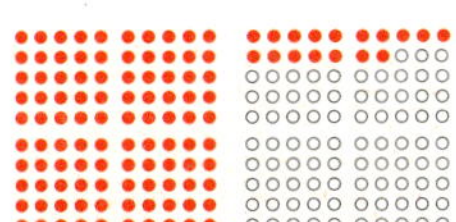

1 Immer 26 Plättchen in gleiche Gruppen zerlegen.

a) Vierer

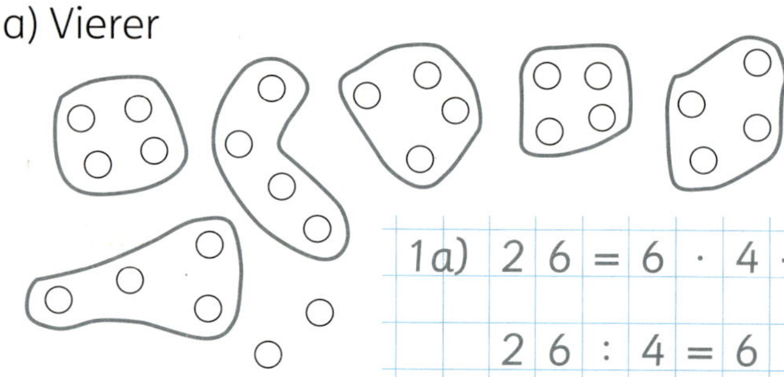

1a) 26 = 6 · 4 + 2
26 : 4 = 6 Rest 2

b) Sechser

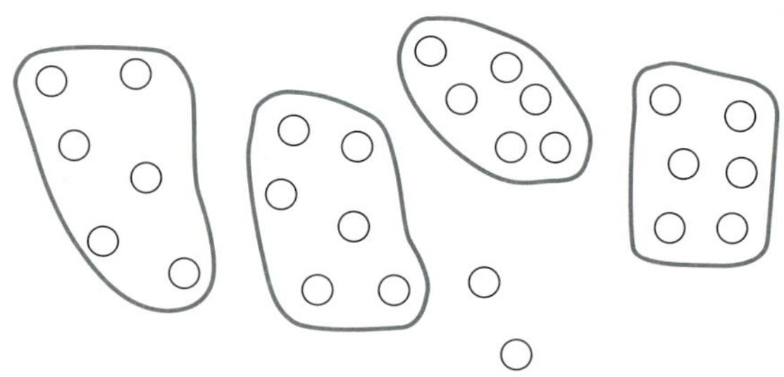

c) Achter

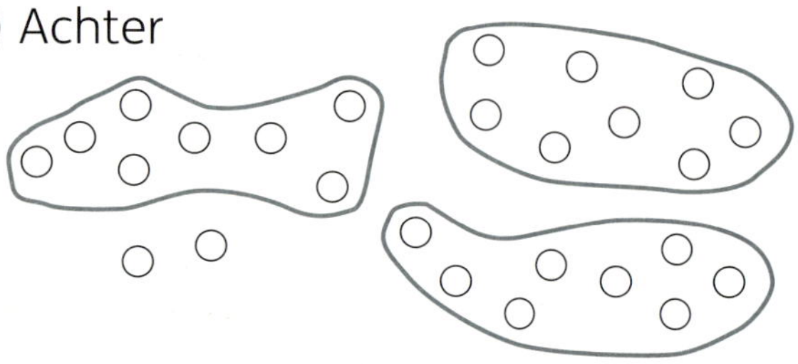

d) Fünfer

2 Lege selbst 20 (28, 30) Plättchen und bilde gleiche Gruppen.

3 Lege und rechne ebenso. Wo bleibt ein Rest?

a) 18 : 3
18 : 4
18 : 5

3a) 18 : 3 = 6
18 : 4 = 3 Rest 2

b) 24 : 4
24 : 5
24 : 6

c) 16 : 3
16 : 4
16 : 5

d) 21 : 2
21 : 3
21 : 4

4 Stühle sollen in Reihen zu je 6 Stühlen aufgestellt werden.

a) Für wie viele Reihen reichen 50 Stühle?

b) Für wie viele Reihen reichen 45 Stühle?

■ „Atom-Spiel“ im Schulhof oder in der Halle, aus der Zerlegungsform die Restschreibweise ableiten.
1 Zerlegungen aus den Zeichnungen ablesen. **2–4** Mit Plättchen oder zeichnerisch lösen.

5 a) Rechne und erkläre am Einmaleinsplan. Schreibe immer 2 Aufgaben.

5a)
26 = 2 · 10 + 6
26 : 10 = 2 R 6

26 = 5 · 5 + 1
26 : 5 = 5 R 1

26 = 13 · 2
26 : 2 = 13

26 = 6 · 4 + 2
26 : 4 = 6 R 2

26 = 3 · 8 + 2
26 : 8 = 3 R 2

26 = 3 · 7 + 5
26 : 7 = 3 R 5

26 = 8 · 3 + 2
26 : 3 = 8 R 2

26 = 4 · 6 + 2
26 : 6 = 4 R 2

26 = 2 · 9 + 8
26 : 9 = 2 R 8

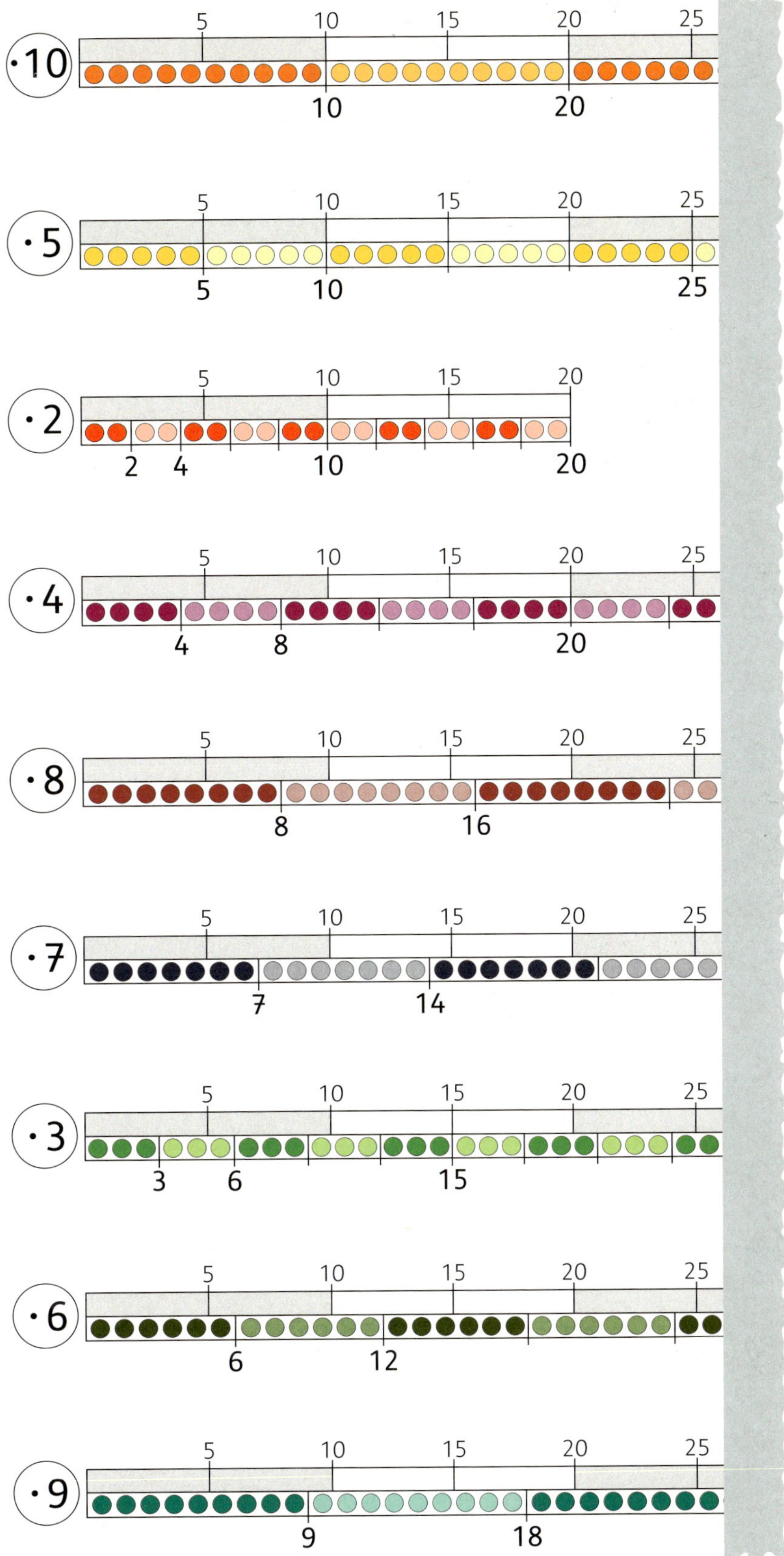

b) Decke auf dem Einmaleinsplan 18 ab und rechne ebenso.

c) Decke auf dem Einmaleinsplan 24 ab und rechne ebenso.

■ Kurzschreibweise „R" für „Rest" einführen. **5** Am Einmaleins-Plan Zerlegungsaufgaben und Divisionsaufgaben rechnen. Zuerst vorgemachte Zerlegungen von 26 in a) an nebenstehenden Darstellungen aus dem Einmaleins-Plan besprechen, damit die Kinder ein klares Vorbild für b) und c) haben.

1

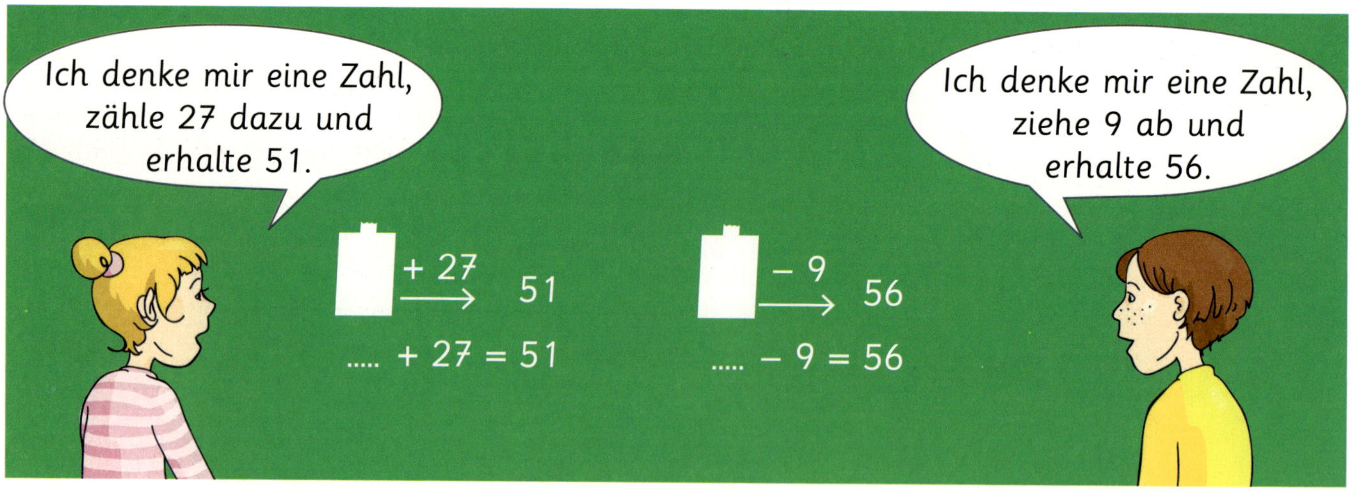

2 Welche Zahlen fehlen?

a) ..... + 16 = 56
..... + 18 = 56
..... + 20 = 56
..... + 22 = 56

b) ..... + 27 = 55
..... + 27 = 60
..... + 27 = 65
..... + 27 = 70

c) ..... – 9 = 74
..... – 9 = 76
..... – 9 = 78
..... – 9 = 80

d) ..... – 11 = 83
..... – 13 = 78
..... – 15 = 73
..... – 17 = 68

3

Wie viele Beine haben
a) 2 Schafe und 3 Hühner? b) 3 Schafe und 2 Hühner? c) 4 Schafe und 2 Hühner?

4 Ich zähle 22 Beine. Wie viele Schafe und wie viele Hühner können es sein?

Diego zeichnet:

Antonia rechnet:

Schafe	Beine	Hühner	Beine
1	4	1	2
2	8	2	4
3	12	3	6
4	16	4	8
5	20	5	10

16 + 6 = 22 4 Schafe, 3 Hühner

Finde weitere Lösungen.

■ 1 Gleichungen durch Umkehroperationen lösen. 2 Es muss darauf geachtet werden, dass eine richtige Rechnung entsteht. Die gegebenen Zahlen dürfen nicht einfach mit + und – verbunden werden. 3 Vorbereitung der folgenden Aufgabe. 4 Vorgegebene Lösungswege der Kinder nachvollziehen. → Probieren und Kombinieren 2, Seiten 30–32

1 Der Tiger springt. Lies ab.

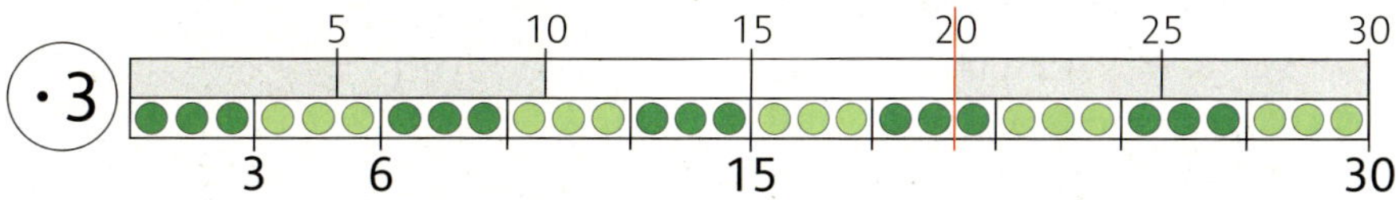

a) Bei welchen Sprüngen bleibt er unter 20?

..... · 3 < 20

1a) 1 · 3 < 20
2 · 3 < 20

b) Bei welchen Sprüngen kommt er über 20?

..... · 3 > 20

1b) 7 · 3 > 20
8 · 3 > 20

2 Der Fuchs springt. Lies ab.

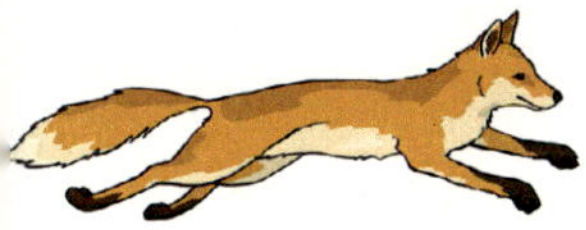

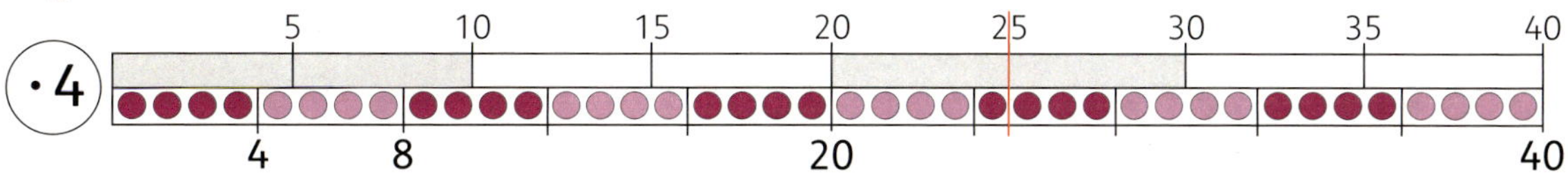

a) Bei welchen Sprüngen bleibt er unter 25?

..... · 4 < 25

2a) 1 · 4 < 25
2 · 4 < 25

b) Bei welchen Sprüngen kommt er über 25?

..... · 4 > 25

2b) 10 · 4 > 25
9 · 4 > 25

3 Welche Zahlen passen? Überprüfe am Einmaleins-Plan.

0 1 2 3 4 5 6 7 8 9 10

a) ..... · 9 < 50

3a) 0 · 9 < 50
1 · 9 < 50

b) ..... · 9 > 50

3b) 10 · 9 > 50
9 · 9

4 Welche Zahlen passen? Schreibe Ungleichungen auf.

0 1 2 3 4 5 6 7 8 9 10

a) ..... · 2 < 15

b) ..... · 2 > 15

c) ..... · 6 < 15

d) ..... · 6 > 15

1, 2 Ergebnisse ablesen, weitere Lösungen finden und aufschreiben. **3, 4** Lösungen probierend finden und wie in **3** vorgegeben aufschreiben.

1 a) Zähle die Stunden von 8 Uhr morgens bis 8 Uhr abends.

b) Zähle die Stunden von 8 Uhr abends bis 8 Uhr morgens.

! **Ein Tag hat 24 Stunden. Er beginnt um Mitternacht (0 Uhr).**

2 Wie spät ist es?

a)

2a) 1 Uhr
13 Uhr

b)

c)

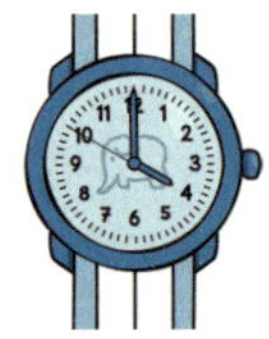

d)

e)

f)

g)

3 Lies die Uhrzeit und stelle deine Uhr.

a) 6:00 b) 9:00 c) 10:00 d) 14:00 e) 5:00 f) 21:00

4

ZAHNÄRZTIN
DR. MED. SABINE KOHLHASE

Mo	Di	Mi	Do	Fr
8–12	8–12	8–12	8–14	8–12
14–20	–	14–19	–	–

Wie viele Stunden hat Dr. Kohlhase Sprechstunde?

a) am Montag b) am Mittwoch

c) am Samstag d) in der Woche

5 Es ist jetzt 12.00 Uhr.

Wie spät ist es a) in einer Stunde?
b) in fünf Stunden?

Wie spät war es c) vor einer Stunde?
d) vor fünf Stunden?

1–3 Uhrzeiten ablesen, einstellen. Selbst Aufgaben finden (KV). **4, 5** Zuerst Unterschied zwischen „Zeitpunkt" und „Zeitdauer" besprechen. Dabei Zeitablauf vorwärts und rückwärts verfolgen. In folgenden Wochen immer wieder Uhr ablesen lassen und dazu Aufgaben analog **5** stellen.

! **Eine Stunde hat 60 Minuten.**
1 h = 60 min
Eine halbe Stunde hat 30 Minuten.
Eine Viertelstunde hat 15 Minuten.

6 Wie spät ist es?

a) 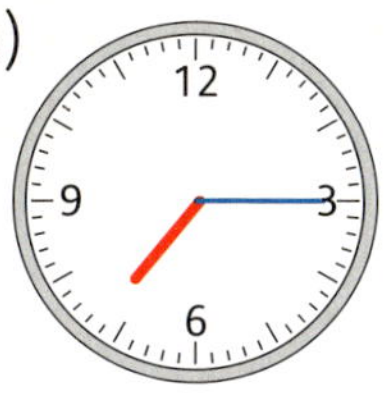

1a)	7.15	Uhr
	19.15	Uhr

b) 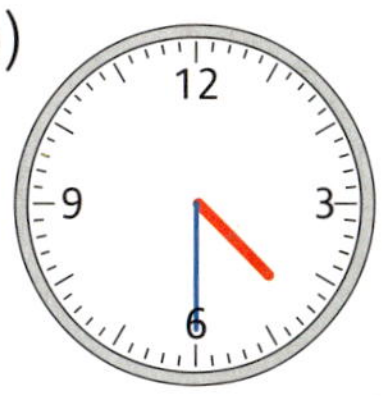

c) 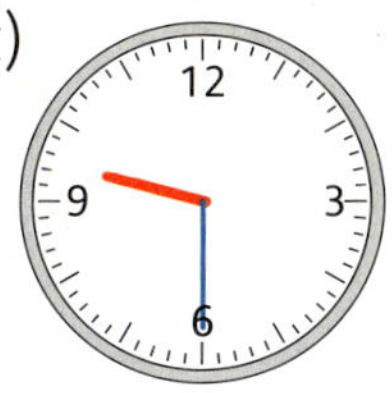

d) 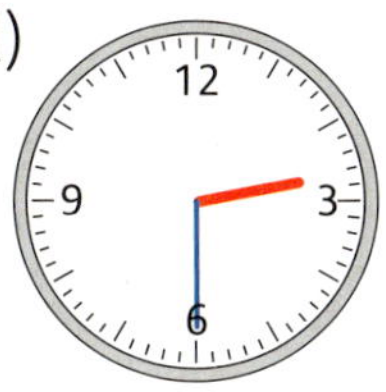

e) 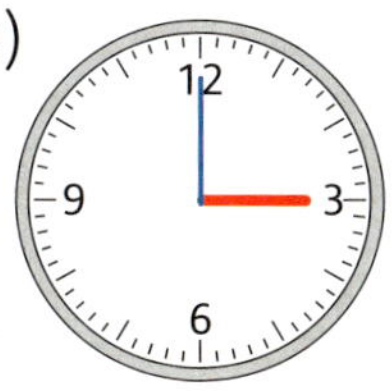

f) 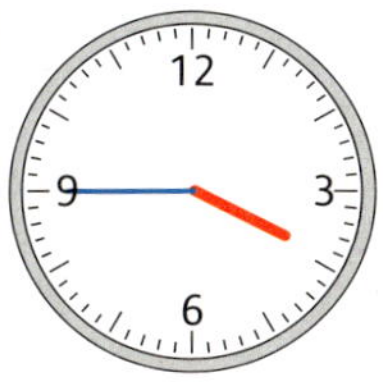

g) 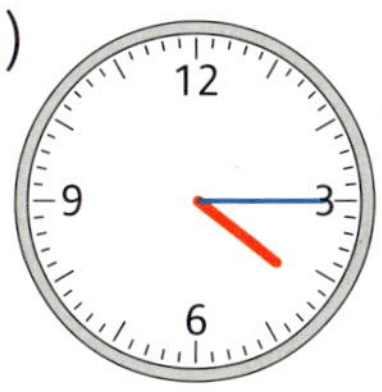

h) 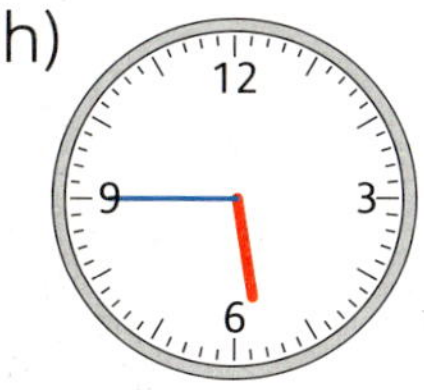

7 Lies die Uhrzeit und stelle die Uhr.

a) 9:30 b) 12:15 c) 16:45 d) 21:30 e) 15:15 f) 0:45

8 a) Kannst du eine Minute auf einem Bein stehen?

b) Schließe die Augen. Kannst du jetzt eine Minute auf einem Bein stehen?

9 Es ist jetzt 11.30 Uhr. Wie spät ist es
a) in einer Stunde?
b) in fünf Stunden?
c) in einer Viertelstunde?
d) in einer halben Stunde?

10 Es ist jetzt 13.30 Uhr. Wie spät war es
a) vor einer Stunde?
b) vor zwei Stunden?
c) vor einer Viertelstunde?
d) vor 45 Minuten?

11 Der Schulbus fährt morgens um 7.15 Uhr ab und kommt um 7.30 Uhr bei der Schule an. ?

12 Die Reise zum Urlaubsort begann morgens um 6 Uhr und endete abends um 7 Uhr. ?

■ Abkürzung „h" für Stunde und „min" für Minute kennen lernen. **6, 7** Uhrzeiten lesen, evtl. an Lernuhr einstellen. Selbst Aufgaben finden (KV). **8** Zeitdauer erleben lassen. **9 – 12** Auf Unterschied zwischen „Zeitpunkt" und „Zeitdauer" hinweisen. Evtl. Lernuhr benutzen. → Arbeitsheft, Seiten 61, 62

1 So vergeht ein Tag. Beschreibe was Lisa macht. Wie viel Uhr ist es jeweils?

a)

b)

c)

d)

e)

f)

g)

h)

2 Beschreibe deinen Tagesablauf.

3 Lisas Stundenplan

a) Wann hat Lisa jeden Tag Unterricht?

Montag: 8.00 – 12.30

Dienstag:

b) Was macht Lisa nachmittags?

Lisas Stundenplan

Zeit	Montag	Dienstag	Mittwoch	Donnerstag	Freitag
8.00–8.45	X	X	X	X	X
8.50–9.35	X	X	X	X	X
10.00–10.45	X	X	X	Sport	X
10.50–11.35	Sport	Werken		Sport	Musik
11.45–12.30	Freiarbeit Förder.	Werken			Religion
12.35–13.20		X			
	16.00 – 17.00 Schwimmen		14.00 – 14.30 Flöten		17.15 – 18.00 Tennis

4 Wie sieht dein Stundenplan aus?

5 Immer 60 Minuten.

40 min + 20 min
30 min + ... min
50 min + ... min
55 min + ... min
15 min + ... min

47 min + ... min
57 min + ... min
37 min + ... min
27 min + ... min
17 min + ... min

6 Immer 30 Minuten.

10 min + 20 min
15 min + ... min
20 min + ... min
25 min + ... min
30 min + ... min

5 min + ... min
12 min + ... min
19 min + ... min
16 min + ... min
18 min + ... min

1, 2 Tagesablauf besprechen, Uhrzeiten aufschreiben. **3** Zeitpunkte ablesen, erzählen. **4** Nach Vorbild von **3** bearbeiten lassen. **5, 6** Aufgaben vom Typ „Sachrechnen im Kopf". → Arbeitsheft, Seite 63

1 Wie viele Tage haben die Monate?
1. Monat: Januar, 31 Tage
2. Monat: Februar, ...
3. Monat: .....

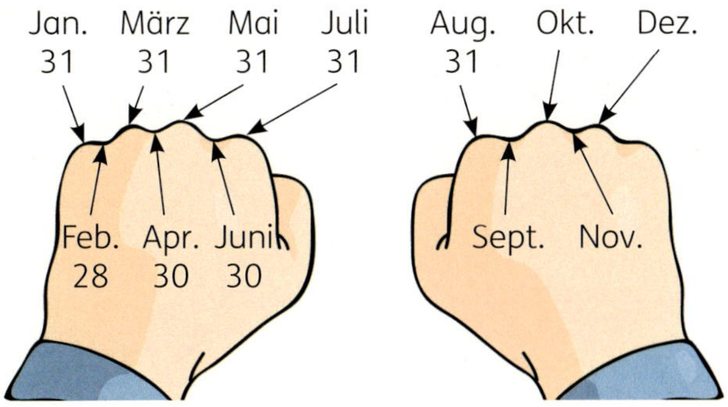

Kalender 2015

Januar					
Mo		5	12	19	26
Di		6	13	20	27
Mi		7	14	21	28
Do	1	8	15	22	29
Fr	2	9	16	23	30
Sa	3	10	17	24	31
So	4	11	18	25	

Februar					
Mo		2	9	16	23
Di		3	10	17	24
Mi		4	11	18	25
Do		5	12	19	26
Fr		6	13	20	27
Sa		7	14	21	28
So	1	8	15	22	

März						
Mo		2	9	16	23	30
Di		3	10	17	24	31
Mi		4	11	18	25	
Do		5	12	19	26	
Fr		6	13	20	27	
Sa		7	14	21	28	
So	1	8	15	22	29	

April					
Mo		6	13	20	27
Di		7	14	21	28
Mi	1	8	15	22	29
Do	2	9	16	23	30
Fr	3	10	17	24	
Sa	4	11	18	25	
So	5	12	19	26	

Mai					
Mo		4	11	18	25
Di		5	12	19	26
Mi		6	13	20	27
Do		7	14	21	28
Fr	1	8	15	22	29
Sa	2	9	16	23	30
So	3	10	17	24	31

Juni					
Mo	1	8	15	22	29
Di	2	9	16	23	30
Mi	3	10	17	24	
Do	4	11	18	25	
Fr	5	12	19	26	
Sa	6	13	20	27	
So	7	14	21	28	

Juli					
Mo		6	13	20	27
Di		7	14	21	28
Mi	1	8	15	22	29
Do	2	9	16	23	30
Fr	3	10	17	24	31
Sa	4	11	18	25	
So	5	12	19	26	

August						
Mo		3	10	17	24	31
Di		4	11	18	25	
Mi		5	12	19	26	
Do		6	13	20	27	
Fr		7	14	21	28	
Sa	1	8	15	22	29	
So	2	9	16	23	30	

September					
Mo		7	14	21	28
Di	1	8	15	22	29
Mi	2	9	16	23	30
Do	3	10	17	24	
Fr	4	11	18	25	
Sa	5	12	19	26	
So	6	13	20	27	

Oktober					
Mo		5	12	19	26
Di		6	13	20	27
Mi		7	14	21	28
Do	1	8	15	22	29
Fr	2	9	16	23	30
Sa	3	10	17	24	31
So	4	11	18	25	

November						
Mo		2	9	16	23	30
Di		3	10	17	24	
Mi		4	11	18	25	
Do		5	12	19	26	
Fr		6	13	20	27	
Sa		7	14	21	28	
So	1	8	15	22	29	

Dezember					
Mo		7	14	21	28
Di	1	8	15	22	29
Mi	2	9	16	23	30
Do	3	10	17	24	31
Fr	4	11	18	25	
Sa	5	12	19	26	
So	6	13	20	27	

Neujahr 1. Januar, Karfreitag 3. April, Ostern 5./6. April, Maifeiertag 1. Mai, Christi Himmelfahrt 14. Mai, Pfingsten 24./25. Mai, Fronleichnam 4. Juni, Tag der Deutschen Einheit 3. Oktober, Allerheiligen 1. November, Weihnachten 25./26. Dezember

2 Welcher Wochentag?
a) 31. Januar — 31. Januar, Samstag
b) 14. Mai
c) 22. Juli
d) 3. Oktober
e) 24. Dezember

3 Schreibe kürzer.
a) 1. Januar 2015 — 3a) 1. 1. 2 0 1 5
b) 30. April 2015
c) 28. Mai 2015
d) 9. November 2015
e) 25. Dezember 2015

4 Mittwoch, der 21.1.2015.
a) Ein Tag vorher. — 4a) Dienstag, der 20.1.2015
b) Eine Woche vorher.
c) Zwei Tage später.
d) Zwei Wochen später.
e) Zwei Wochen vorher.

5

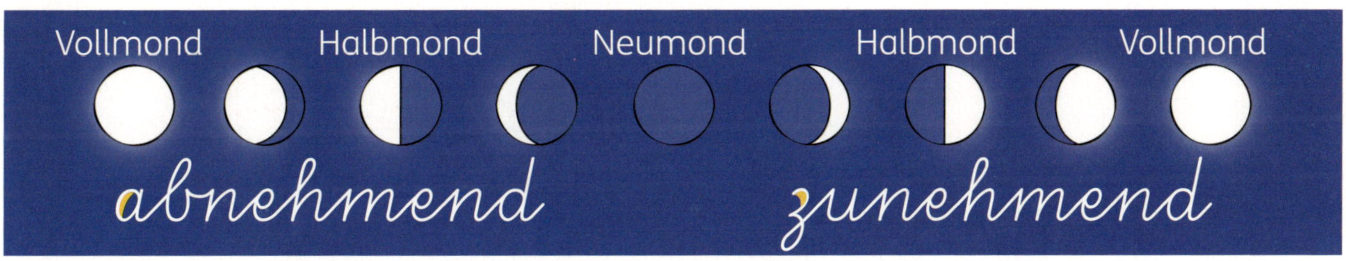

Am 27.10.2015 ist Vollmond, der nachfolgende Vollmond ist am 25.11.2015 und danach am 25.12.2015. Wie viele Tage sind es von Vollmond zu Vollmond?

6 Welches Ereignis trifft **immer**, **häufig**, **selten** oder **nie** ein?
a) Der 1. Mai ist ein Feiertag.
b) Am Sonntag ist Schule.
c) Im Winter schneit es.
d) Nachts sieht man am Himmel Sterne.

■ Kalender für 2015 besprechen (Anzahl und Nummerierung der Monate und der Tage in einem Monat, Abfolge der Tage in einer Woche, ...). **1** Monatsnamen und -längen am Kalender ablesen, aufschreiben und „Faustregel“ besprechen. **2 – 4** Zuerst an Beispielen Schreibweisen besprechen. **5** Auch Beziehungen „Mond“ zu Monat besprechen. **6** Begriffe „immer“, „häufig“, „selten“, „nie“ richtig anwenden.

1

2 Vergleiche Wuchshöhen und Pflanztiefen.

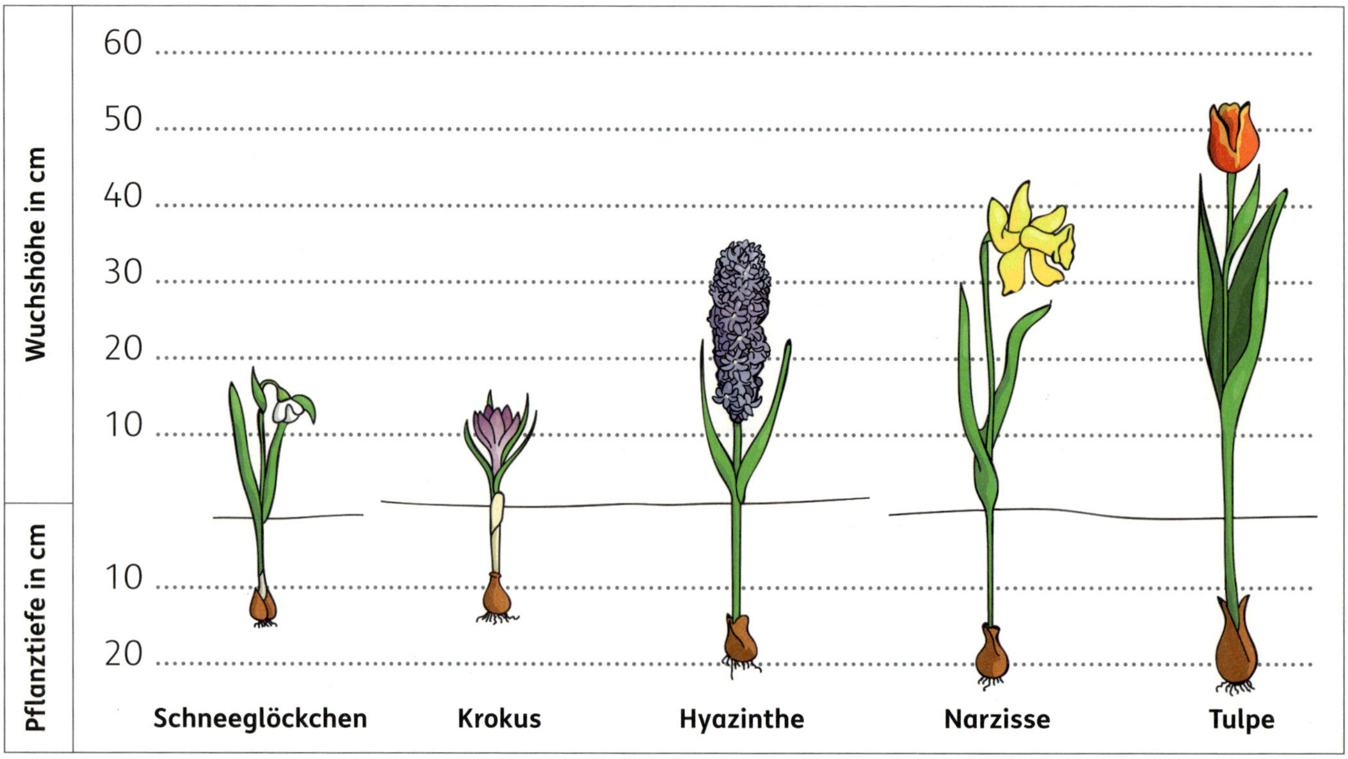

■ **1** Kinder anregen, selbst Umfänge von Bäumen zu messen. **2** Beziehung zwischen Wuchshöhe und Pflanztiefe verdeutlichen.

1

120 cm groß

3 – 4 Eier

Glücksbringer
Klapperstorch

Flügelspannweite
2 Meter!

35 Tage Brutzeit.
7 Wochen bleiben
die Jungen im Nest.

Zugvögel
kommen im Frühling aus
Afrika und fliegen im
Herbst zurück.
Etwa 6000 km!

Störche fliegen
am Tag etwa 200 km.

Nest (Horst)
2 m Durchmesser

Ein Ei wiegt 120 g
und ist 7 cm lang.

Umweltschützer
pflegen die Horste
und helfen den
Jungvögeln.

Gefahren:
Flugzeuge, Drähte,
Autos, Stromleitungen,
wenig Nahrung, Müll

Ein Storch frisst am Tag
zum Beispiel 10 – 15 Mäuse,
40 – 50 Regenwürmer und
70 Käfer.

a) Malt ein Nest mit Kreide auf dem Schulhof oder legt es mit Zweigen nach.

b) Wie viele Tage kümmern sich die Storcheneltern um ihre Jungen?

c) Stellt auch andere Fragen.

2 a) Berechne die Anzahl der Paare.
b) Berechne die Anzahl der Jungstörche. Vergleiche.

Brutplatz	Anzahl der Paare	Anzahl der Jungstörche
Ubstadt	1	3
Forst	18	39
Karlsruhe	2	4
Neuburgweier	2	0
Leopoldshafen	1	5
Hambrücken	1	3
Liedolstein	1	2
Oberhausen	6	14

Brutplatz	Anzahl der Paare	Anzahl der Jungstörche
Langenbrücken	7	25
Russheim	3	5
Graben	2	4
Blankenloch	1	1
Karlsdorf	1	4
Rheinhausen	3	3
Hochstetten	2	3

Weißstörche im Rheintal bei Karlsruhe 2010

1 Texte lesen, besprechen, weitere Aufgaben veranschaulichen und andere Fragen stellen. **2** Gesamtanzahl der Jungstörche und Anzahl der Horstpaare berechnen und vergleichen. Evtl. Daten über Storchennester in der Umgebung sammeln.

David:	
Körpergröße	131 cm
Spannweite	130 cm
Halsumfang	28 cm
Bauchumfang	55 cm
Handgelenk	13 cm
Fußlänge	20 cm
Unterarmlänge	21 cm

Körpergröße in cm	Kleidergröße
111–116	116
117–122	122
123–128	128
129–134	134
135–140	140
141–146	146
147–152	152
153–158	158
159–164	164

Welche Körpermaße hast du? Welche Kleidergröße brauchst du?

1 Michelle ist 137 cm groß. Welche Kleidergröße braucht sie?

2 Vor einem Jahr war Josefine 128 cm groß. Inzwischen ist sie 7 cm gewachsen. Welche Kleidergröße braucht sie?

3 Philipp war bei der Geburt 52 cm, mit 4 Jahren 105 cm groß. Mit 9 Jahren ist er 131 cm groß. Wie viel ist er gewachsen? Welche Kleidergröße braucht er?

4 Maria ist 132 cm groß und 27 kg schwer. Ihre Mutter ist 168 cm groß und wiegt 59 kg. Berechne die Unterschiede.

5 Miss und vergleiche folgende Maße für Erwachsene und Kinder:
a) die Spannweite mit der Körpergröße.
b) die Fußlänge mit der Unterarmlänge.
c) den Halsumfang mit dem Umfang des Handgelenks.
d) den Bauchumfang mit dem Halsumfang.

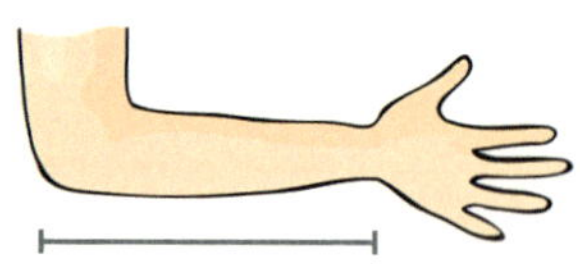

6 Tarek hat einen Bauchumfang von 60 cm.
Schätze seinen Halsumfang und den Umfang seines Handgelenks.

■ Praktische Erfahrungen zum Umgang mit dem Maßband sammeln lassen. **1–4** Sachaufgaben zur Körpergröße. **5, 6** Herausarbeiten, dass sich die Realität nur annähernd durch Mathematik beschreiben lässt (Grenzen der Mathematik). Faustregeln für die Körpergrößen formulieren, z. B. „Der Halsumfang ist doppelt so groß wie der Umfang des Handgelenks.“.

7 Bestimmung der Schuhgröße:
Stell dich auf ein Blatt Papier und zeichne die Umrisse der Füße nach.
Miss die beiden Fußlängen von A nach B in cm und lies die Schuhgröße in der Tabelle ab.

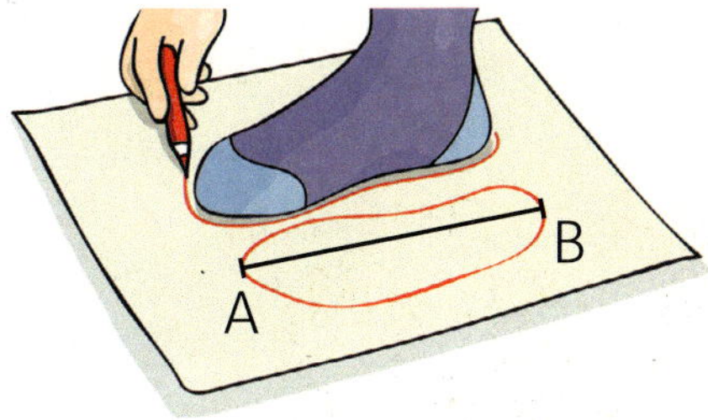

Fußlänge in cm	18		19	20		21	22	23
Schuhgröße	29	30	31	32	33	34	35	36

Beispiel:
Zu 18 cm Fußlänge gehört die Größe 29, zu einer Fußlänge zwischen 18 und 19 cm die Schuhgröße 30, zu 19 cm dann die Schuhgröße 31.
Prüfe an deinen Schuhen die gemessene Größe nach.

8 Verteilung der Schuhgröße in einer Klasse.

Name	Schuhgröße
Kai	33
Samuel	31
Serkan	34
Nico	36
Max	36
Jannik	37
Dominik	35
Mia	32

Name	Schuhgröße
Luca	35
Franco	33
Paul	33
Louis	35
Konstantin	33
Leonie	34
Nora	35
Ben	31

Name	Schuhgröße
Hatice	35
Rebecca	34
Gina	36
Celine	35
Sarina	32
Gianna	32
Sandy	29

Strichliste

Schuhgröße	Anzahl der Kinder
29	|
30	
31	||
32	|||
33	||||
34	|||
35	|||| |
36	|||
37	|

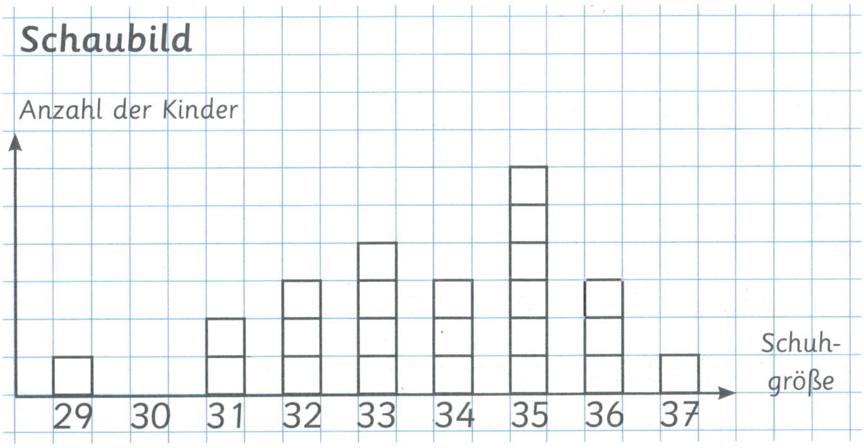

Erkläre die Liste, die Strichliste und das Schaubild.
Untersucht in eurer Klasse die Verteilung der Schuhgrößen.

7 Bestimmung der Schuhgröße eines Kindes zur Erklärung als Vorbild für eigene Messungen nutzen. Ablesen der Schuhgröße aus der Tabelle. **8** Liste, Strichliste und Diagramm einer vorgegebenen Verteilung vergleichen und dabei erklären. Nach diesem Vorbild gemeinsam eine Verteilung der eigenen Klasse erstellen.

Dezember 2018
1 Samstag
2 Sonntag
3 Montag
4 Dienstag
5 Mittwoch
6 Donnerstag
7 Freitag
8 Samstag
9 Sonntag
10 Montag
11 Dienstag
12 Mittwoch
13 Donnerstag
14 Freitag
15 Samstag
16 Sonntag
17 Montag
18 Dienstag
19 Mittwoch
20 Donnerstag
21 Freitag
22 Samstag
23 Sonntag
24 Montag
25 Dienstag
26 Mittwoch
27 Donnerstag
28 Freitag
29 Samstag
30 Sonntag
31 Montag

1 a) Schreibe einen Kalender für den Dezember.

b) Kennzeichne die schulfreien Tage rot.

c) Wie viele Schultage sind es im Dezember?

d) Wie viele freie Tage sind es im Dezember?

2 Ein Denkspiel als Geschenk.
Material: 20 Kugeln, Kleber und eine Schere.
Klebe die Kugeln so zusammen:

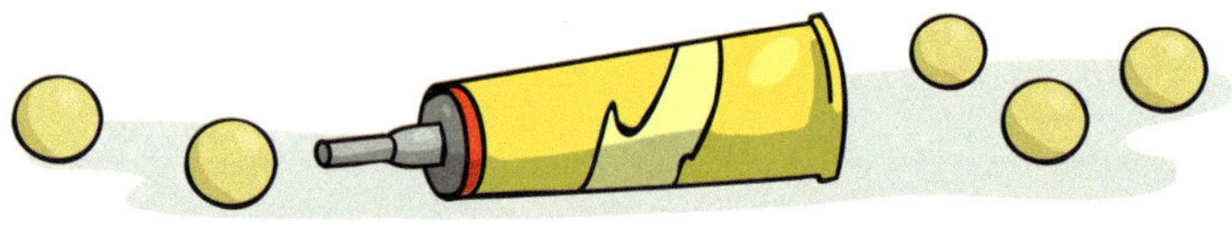

1. Baue 2 Vierer:

2. Baue 2 Sechser:

3 Das Rätsel des Königs Tut-Ench-Amun:
Baue aus den Vierern und den Sechsern eine Pyramide.

1 Dezember gemäß aktuellem Kalender im Heft notieren, besprechen und Aufgaben dazu lösen.
2, 3 Denkspiel nach Anleitung herstellen und probierend lösen.

4 Die Verpackung

1. Ausschneiden

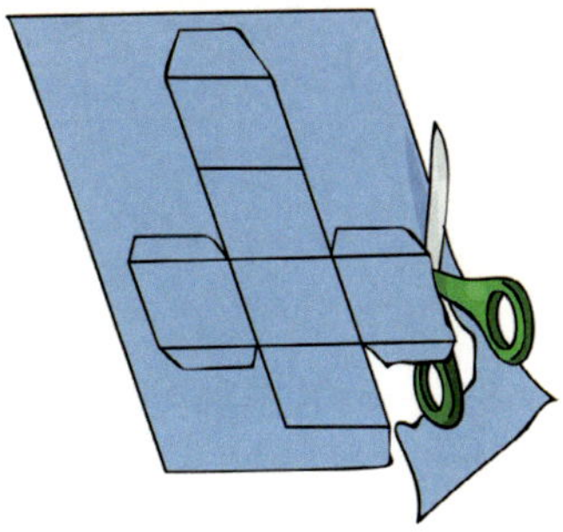

2. Falten

3. Kleben

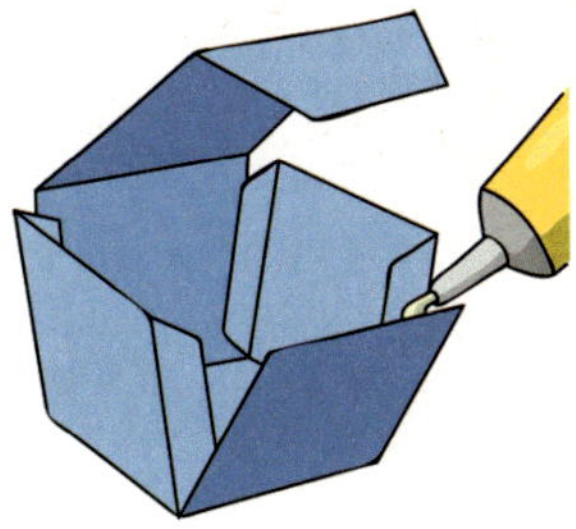

4. Schließen

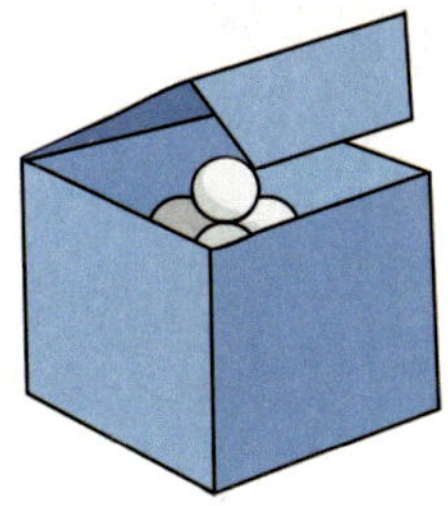

5 Der Schmuck

1. Falten

2. Einschneiden

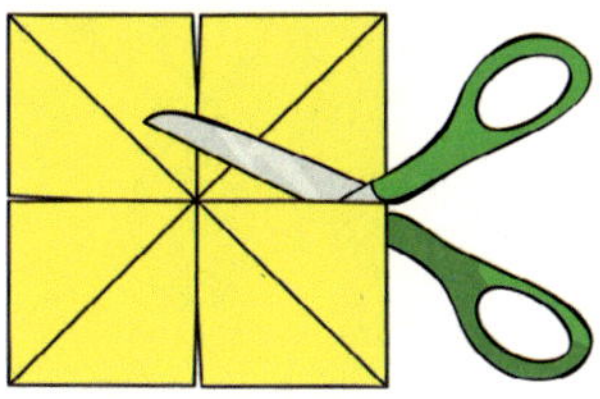

3. Umklappen

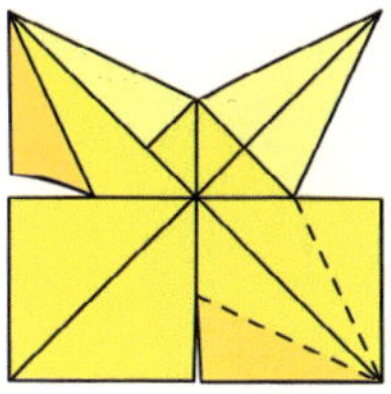

6 Der Packerknoten

1

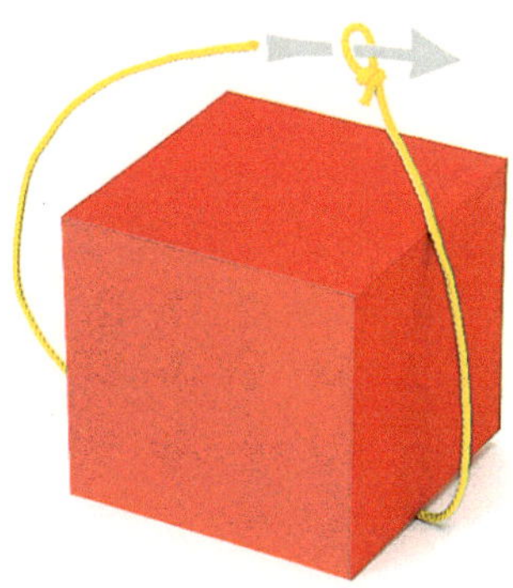

2.

3.

4.

5.

■ **4, 5** Würfel (KV) als Verpackung bauen, mit Faltstern verzieren. Die KV gegebenenfalls vergrößern.

Und schon hoppeln die Hasen
mit Pinseln und Tuben
und schnuppernden Nasen,
aus Höhlen und Gruben
durch Gärten und Straßen
und über den Rasen
in Ställe und Stuben.

Erich Kästner

1 Zeichne, schneide aus und klebe zusammen.

Wie viele verschiedene Schmuckeier findest du?

2 Ordne die Eier am Plan. Erkläre, warum es genau 9 sind.

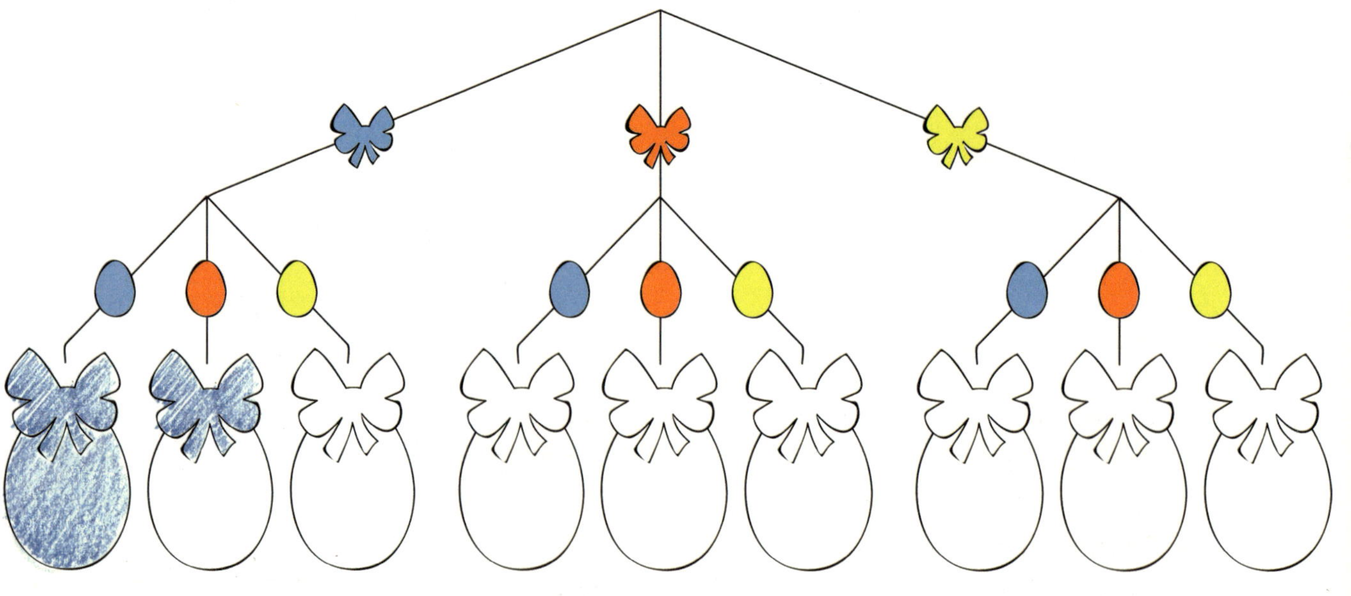

3 Wie viele Eier findest du, wenn eine weitere Farbe hinzukommt?

■ **1** Verschiedene Schmuckeier probierend finden. **2** Anzahl der Schmuckeier mit Baumdiagramm systematisch ermitteln (KV).

4 Wie viele verschiedene Hasen findest du?

Jeweils Ohren, Kopf und Körper nur mit einer Farbe (braun oder weiß) anmalen!

Diese Hasen gehören nicht dazu:

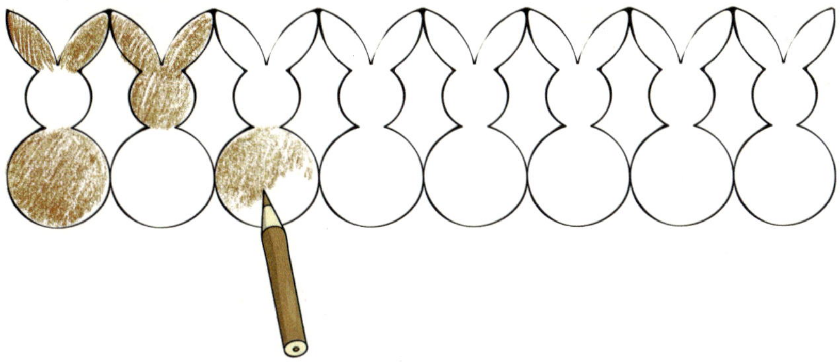

5 Ordne die Hasen am Plan. Warum sind es genau 8 Hasen?

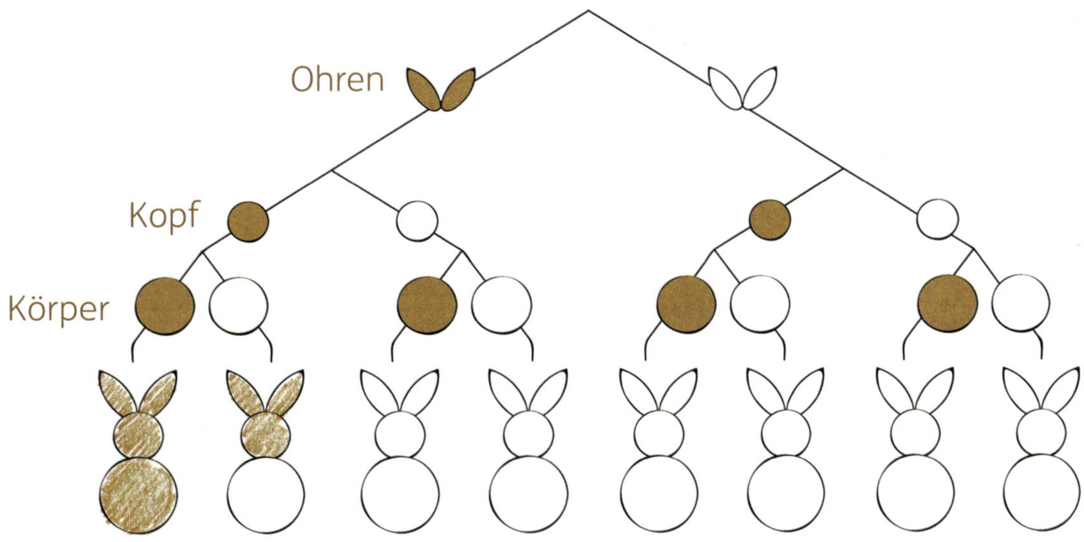

6 Hasenspiel für zwei Spieler.
Spielmaterial:
8 braun-weiße Hasen
3 Würfel
1 Becher zum Werfen

Werft abwechselnd mit drei Würfeln. Gerade Zahl steht für „weiß“, ungerade Zahl für „braun“. Der Wurf 3, 4, 1 bedeutet also zweimal braun und einmal weiß.
Jeder Spieler darf nach seinem Wurf einen Hasen nehmen, der genauso viele braune und weiße Körperteile hat, wie der Wurf vorgibt. Wer zum Schluss die meisten der 8 Hasen hat, gewinnt.

4 Verschiedene Hasen probierend finden. **5** Anzahl der Hasen mit Baumdiagramm systematisch ermitteln (KV). **6** Erfahrungen zum Zufall sammeln. Den Würfel als Zufallsgenerator für „weiß“ und „braun“ verwenden.

Blitzrechnen

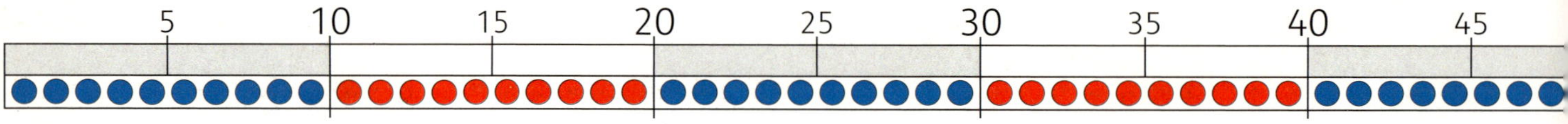

- Zählen an der Hunderterreihe (ab S. 22)
- Ergänzen zum Zehner (ab S. 23)
- Zählen in Schritten (ab S. 25)

1	2	3	4	5	6	7	8	9	10
	12		14	15	16		18		20
21			24	25		27	28		30
	32			35	36				40
	42			45			48	49	50
			54		56				60
		63	64						70
	72								80
81									90
									100

- Welche Zahl? – Zahlen an der Hundertertafel zeigen (ab S. 21)

Operationsfelder zur handelnden Durchführung der Blitzrechenübungen, abgedruckt auch auf dem ausklappbaren Umschlag des Arbeitshefts. Zur weiteren Unterstützung stehen die Rechenkartei „Blitzrechnen" und die CD-ROM „Blitzrechnen" zur Verfügung.

Blitzrechnen

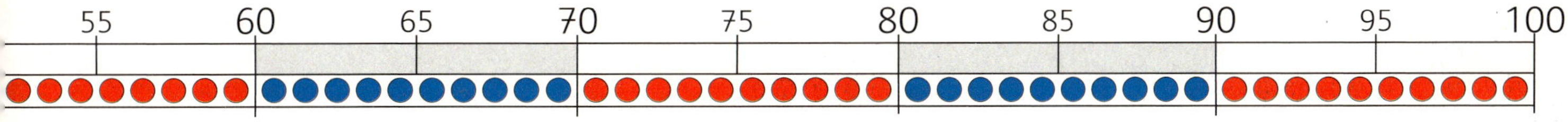

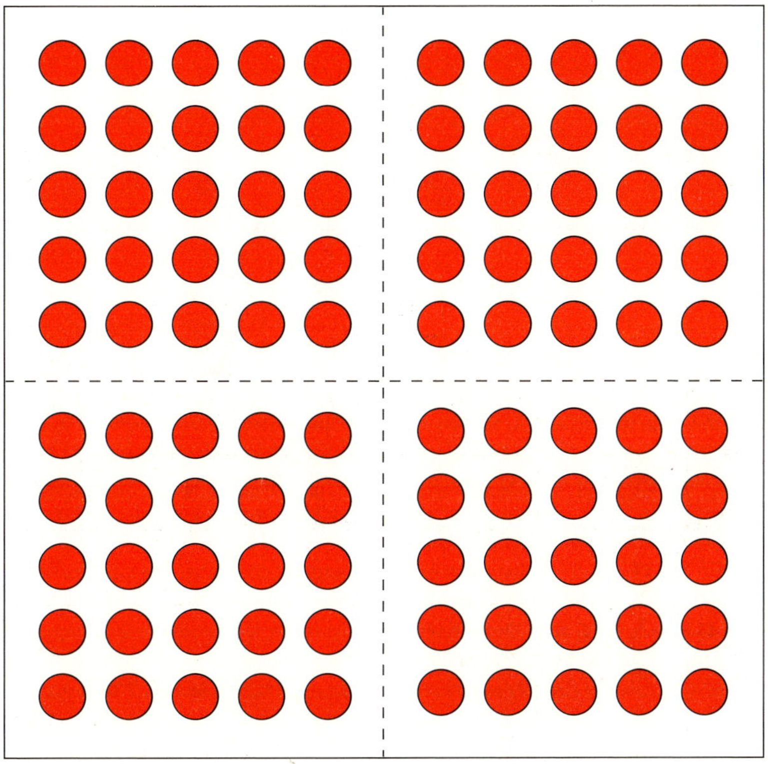

- Wie viele? – Zahlen legen (ab S. 19)
- Ergänzen bis 100 (ab S. 32)
- 100 teilen (ab S. 33)
- Zerlegen (ab S. 63)
- Einmaleins (ab S. 71)

Operationsfelder zur handelnden Durchführung der Blitzrechenübungen, abgedruckt auch auf dem ausklappbaren Umschlag des Arbeitshefts. Zur weiteren Unterstützung stehen die Rechenkartei „Blitzrechnen" und die CD-ROM „Blitzrechnen" zur Verfügung.

Textquellennachweis
132 Kästner, Erich: Der April (3. Strophe). Aus: Die dreizehn Monate. Zürich: Atrium-Verlag, 2011

Bildquellennachweis
Cover.1 Klett-Archiv (David Ausserhofer, Wandlitz), Stuttgart; **6.1** Thinkstock (iStockphoto), München; **6.2** Fotolia LLC (irish), New York; **6.3** Alamy Images (Peter Titmuss), Abingdon, Oxon; **7.1** Thinkstock (iStockphoto), München; **7.2** Thinkstock (Goodshot), München; **7.3** Andia.fr (Gile), Pacé; **8.1** Klett-Archiv (David Ausserhofer, Wandlitz), Stuttgart; **10.1; 10.2; 10.3; 10.4; 10.5; 10.6** Klett-Archiv (David Ausserhofer, Wandlitz), Stuttgart; **11.1** Thinkstock (Hemera), München; **11.2** Ullstein Bild GmbH (imagebroker.net), Berlin; **11.3** Robert Bösch/Mammut (Robert Bösch/Mammut), Oberägeri; **11.4** Getty Images (Design Pics/Keith Levit), München; **12.1** Picture-Alliance (ZB), Frankfurt; **12.2** Fotolia LLC (Kheng Guan Toh), New York; **15.2** Klett-Archiv (David Außerhofer, Wandlitz), Stuttgart; **15.3** Klett-Archiv (David Ausserhofer, Wandlitz), Stuttgart; **16.1; 16.2** Klett-Archiv (David Ausserhofer, Wandlitz), Stuttgart; **19.1** Klett-Archiv (David Ausserhofer, Wandlitz), Stuttgart; **24** Klett-Archiv (David Ausserhofer, Wandlitz), Stuttgart; **26.2** Klett-Archiv (privat), Stuttgart; **27.1; 27.2; 27.3; 27.4; 27.5** Klett-Archiv (Jens Schacht, Düsseldorf), Stuttgart; **28.1** Klett-Archiv (David Ausserhofer, Wandlitz), Stuttgart; **29.1** Klett-Archiv (Christian Günther, Leipzig), Stuttgart; **33.18** Thinkstock (iStockphoto), München; **36.1** Klett-Archiv (Christian Günther, Leipzig), Stuttgart; **39.3** Klett-Archiv (David Ausserhofer, Wandlitz), Stuttgart; **48.1; 48.2; 48.4; 48.5; 48.6; 48.7; 48.8; 48.9; 48.10; 48.12** Klett-Archiv (David Ausserhofer, Wandlitz), Stuttgart; **48.3** Klett-Archiv (David Außerhofer, Wandlitz), Stuttgart; **49.1** shutterstock (John Leung), New York, NY; **49.2** Ziegelwerk Bellenberg, Bellenberg; **49.3; 49.4; 49.5; 49.6; 49.7; 49.8; 49.9** Klett-Archiv (David Ausserhofer, Wandlitz), Stuttgart; **57.1** Klett-Archiv (David Ausserhofer, Wandlitz), Stuttgart; **58.1; 58.2** Klett-Archiv (Martin Adam, Berlin), Stuttgart; **58.3** Klett-Archiv (Matthias Geuther, Rötha), Stuttgart; **58.4; 58.5** Klett-Archiv (Christian Günther, Leipzig), Stuttgart; **59.1; 59.2** Imago, Berlin; **59.3** Imago (Petra Schneider), Berlin; **64.1** Fotolia LLC (Mats Tooming), New York; **64.2; 64.5** Thinkstock (Hemera), München; **64.3** Fotolia LLC (rotoGraphics), New York; **64.4** Imago (imagebroker), Berlin; **64.6** Thinkstock (iStockphoto), München; **64.7** shutterstock (Engine Photos), New York, NY; **64.8** Imago (Steffen Schellhorn), Berlin; **66.1** Thinkstock (iStockphoto), München; **66.2** shutterstock (Alistair Cotton), New York, NY; **66.3** shutterstock (Loskutnikov), New York, NY; **67** Klett-Archiv (David Ausserhofer, Wandlitz), Stuttgart; **86** Klett-Archiv (Christian Günther, Leipzig), Stuttgart; **89.1; 89.2** Klett-Archiv (David Ausserhofer, Wandlitz), Stuttgart; **89.4; 89.5; 89.6; 89.7** Klett-Archiv (Jens Schacht, Düsseldorf), Stuttgart; **96** Mauritius Images, Mittenwald; **97** Ullstein Bild GmbH (imagebroker.net), Berlin; **99.14** Mauritius Images, Mittenwald; **99.15** Klett-Archiv (Christian Günther, Leipzig), Stuttgart; **103.1; 103.3; 103.4; 103.5; 103.6; 103.8; 103.9; 103.10** Klett-Archiv (Jens Schacht, Düsseldorf), Stuttgart; **103.2** Corbis (Don Mason), Düsseldorf; **103.7** Imago (HR Schulz), Berlin; **108.1** Klett-Archiv (Christian Günther, Leipzig), Stuttgart; **109.2** Okapia, Frankfurt; **109.3; 109.4; 109.5** Reinhard-Tierfoto, Heiligkreuzsteinach; **109.6** Mauritius Images, Mittenwald; **111.1; 111.2; 111.3; 111.4; 111.5; 111.6; 111.7** Klett-Archiv (David Ausserhofer, Wandlitz), Stuttgart; **114** Fotolia LLC (jumedita), New York; **115.2** Ullstein Bild GmbH, Berlin; **122.1** Klett-Archiv (Martin Adam, Berlin), Stuttgart; **122.2** Thinkstock (Photodisc), München; **122.3** NDR International, Hamburg; **123** Klett-Archiv (David Ausserhofer, Wandlitz), Stuttgart; **127.2** Fotolia LLC (Jens Klingebiel), New York; **127.3** Fotolia LLC (Michael Fritzen), New York; **130.15** Corbis (The Gallery Collection), Düsseldorf; **131.9; 131.10; 131.11; 131.12; 131.13** Klett-Archiv (Jens Schacht, Düsseldorf), Stuttgart

Sollte es in einem Einzelfall nicht gelungen sein, den korrekten Rechteinhaber ausfindig zu machen, so werden berechtigte Ansprüche selbstverständlich im Rahmen der üblichen Regelungen abgegolten. Die Positionsangaben der Bilder erfolgt je Seite von oben nach unten, von links nach rechts.